薬学・看護学・保健学に役立つ

# 生物統計・疫学・臨床研究デザインテキストブック

[編集]

静岡県立大学薬学部医薬品情報解析学分野教授
**山田 浩**

大阪大学大学院医学系研究科保健学専攻数理保健学教授
**大野 ゆう子**

東邦大学看護学部がん看護学研究室教授
**村上 好恵**

株式会社 メディカル・パブリケーションズ

# 初版の序

## 薬学・看護学・保健学に役立つ
## 生物統計・疫学・臨床研究デザイン テキストブック
## 発刊にあたって

　本書は，2015年に発刊した既刊書『生物統計・臨床研究デザイン テキストブック』を礎とし，新たなるコンセプトの下，刊行した教科書である．既刊書が日本薬学会の改訂「薬学教育モデル・コアカリキュラム」に準じ，薬学生・薬系大学院生を主な対象としたのに対し，本書は薬系学徒のみならず，看護学・保健学科の学部生・大学院生にもわかりやすい生物統計・疫学・臨床研究デザインのテキストであるとともに，治験を含む臨床研究の担い手である臨床研究コーディネーター（CRC），医師，薬剤師，看護師，臨床検査技師，製薬企業担当者（モニター，データマネジャー等）の方々にも有用となるよう，生物統計学・疫学および臨床研究方法論の基本とその応用を，わかりやすく明解な記述を目指して企画した書籍である．統計学，疫学，臨床研究方法論の書籍はそれぞれ単独では世の中に出回ってはいるものの，それらを基礎から応用までコンパクトにまとめ，学部生・大学院生から医療現場の臨床研究支援スタッフ，製薬企業の臨床開発担当者まで理解しやすく記述した書籍は，いままでにない新しい試みといえる．

　本書の内容は，「薬学教育モデル・コアカリキュラム」で求める，統計学・疫学の基礎から応用，臨床研究デザインに関連した到達目標をすべてカバーし，薬剤師国家試験に合格できるレベルであることはもちろんのこと，治験／臨床研究の現場において座右に置き知識を確認できるように構成されている．執筆者は，アカデミア，臨床医療現場，臨床開発といったさまざまな分野から，生物統計学，疫学，臨床研究デザイン，データマネジメント，モニタリング，監査等を含めた当該分野の専門家の方々にご協力いただき，単なる国家試験の受験本ではなく，根底にあるサイエンスを踏まえた内容としている．本書が，学部生・大学院生のみならず，臨床研究に携わるすべての方々に寄与することを願って止まない．

　最後に，執筆にご協力いただいた著者の皆様方，ならびに企画・編集にあたりご尽力いただいた株式会社メディカル・パブリケーションズ編集部の吉田明信氏に，心より深謝する．

2018年9月
編者記す

山田　　浩
大野ゆう子
村上　好恵

# 目 次

初版の序 iii ／ 編者／著者 一覧 vi

## 第1章 ● 基礎編 1

### 1. データの型と分布，要約 ............................................................................................ 3
はじめに 3／データの型と尺度 3／度数分布表とヒストグラム 5
要約統計量 7／データの図表化による記述方法 11／まとめ 13
問題と解答 15

### 2. 確率・確率分布 ........................................................................................................... 19
確率・確率分布の定義 19／確率 19／確率分布 20／二項分布 22
ポアソン分布 24／正規分布 24／問題と解答 27

### 3. 推定 ............................................................................................................................. 29
はじめに 29／母集団と標本 29／推定とは 30
点推定 30／区間推定 33／実例 35
問題と解答 37

### 4. 検定 I（統計学的検定とは） ..................................................................................... 41
はじめに 41／コイン投げ 41／検定の流れ 42／片側検定と両側検定 44
検定方法 45／2つの過誤と検出力，標本サイズ 45／問題と解答 47

### 5. 検定 II〔Student の $t$ 検定（対応のない $t$ 検定），対応のある $t$ 検定〕 ............. 49
はじめに 49／Student の $t$ 検定（対応のない $t$ 検定） 49
対応のある $t$ 検定 52／用語の説明 55／問題と解答 57

### 6. 検定 III（Wilcoxon 順位和検定，Wilcoxon 符号付き順位検定，カイ二乗検定） ... 59
はじめに 59／Wilcoxon 順位和検定 59
Wilcoxon 符号付き順位検定 60／カイ二乗検定 62
まとめ 65／問題と解答 66

### 7. 相関と回帰 .................................................................................................................. 69
はじめに 69／相関 70／回帰分析 73
問題と解答 76

### 8. 臨床研究計画法と EBM ............................................................................................. 79
はじめに 79／臨床研究計画法 79
EBM 81／問題と解答 85

## 第2章 ● 応用編 89

### 1. 分散分析と多重比較 .................................................................................................. 91
分散分析と多重比較 91／データに対応がない場合の一元配置分散分析 91
多重比較 95／データに対応がある場合の一元配置分散分析 96／問題と解答 99

### 2. 多変量解析 ................................................................................................................ 101
多変量解析とは 101／重回帰分析 102／ロジスティック回帰分析 105
説明変数の選び方 108／問題と解答 109

## 3. 生存時間解析法 ... 101
生存時間解析法　111／生存曲線　112／カプランマイヤー法　112
ログランク検定と一般化ウィルコクソン検定　114／生存時間分析の多変量解析　115
コックス比例ハザード分析　115／ハザード比について　116
比例ハザード性の仮定と評価　117／コックス回帰分析の使用例と結果の解釈　117
問題と解答　119

## 4. 疫学概論 ... 121
疫学とは　121／疫学の病因論モデル（etiological model）　121／疫学研究の種類　122
記述疫学（descriptive epidemiology）　123／分析疫学（analytical epidemiology）　123
疫学指標　124／疾病・死亡の指標　125／疫学の効果指標　126／検査の指標　128
カットオフ値とROC曲線　129／問題と解答　130

## 5. 観察研究 ... 133
はじめに　133／臨床研究の定義と分類　133／観察研究（各論）　135
バイアスの種類と，その制御法，交絡　137／おわりに　139／問題と解答　139

## 6. 介入試験・メタアナリシス ... 141
はじめに　141／介入試験　141／ランダム化比較試験　142／メタアナリシス　146
おわりに　149／問題と解答　150

## 7. 質的研究 ... 153
質的研究とは　153／質的研究の特徴　154／質的研究の種類　155
データ収集方法　157／データ分析（コーディングとカテゴリ化）　158
質的研究の注意点　161／問題と解答　161

## 8. ビッグデータ・診療情報を活用した研究 ... 163
医療系ビッグデータとは　163／医療系ビッグデータを活用した研究　165
医療系ビッグデータを活用した研究のステップ　166
バリデーション（妥当性）研究　169／問題と解答　172

## 9. 生物統計家から見た臨床開発におけるデータマネジメント／統計解析 ... 173
はじめに　173／統計解析担当者の役割　174／治験実施計画書　176
データマネジメントの役割　177／データ標準　178
データマネジメントと統計解析のプロセス　180／総括報告書作成　180
コモン・テクニカル・ドキュメント　180／問題と解答　182

## 10. モニタリングの実際 ... 185
モニタリングの定義　185／モニタリングの実際　187
最近のモニタリングの動向　190／問題と解答　193

## 11. 監査の実際 ... 195
はじめに　195
「臨床研究法」における監査の定義と実施　195
医学系研究（治験以外）の監査のステップ　196
「治験」における監査の定義と手法　198／問題と解答　202

## 12. 医療者による研究計画の立案・作成 ... 203
はじめに　203／研究計画の立案：テーマの設定　203／プロトコルコンセプトの作成　204
役割分担　205／プロトコル作成から研究開始まで　205
プロトコルの作成上の留意点　205／おわりに　207／問題と解答　207

資料：標準正規分布表　210／索引　212／編者プロフィール　223

## 編者／著者 一覧

**【編者】**

山田　　浩　（静岡県立大学薬学部医薬品情報解析学分野教授）
大野ゆう子　（大阪大学大学院医学系研究科保健学専攻数理保健学教授）
村上　好恵　（東邦大学看護学部がん看護学研究室教授）


**【著者】**　（執筆順／下段：執筆原稿）

松本　圭司　（浜松医療センター小児科）
　　　　　　◆第1章：1. データの型と分布，要約

坂本なほ子　（東邦大学看護学部社会疫学研究室准教授）
　　　　　　◆第1章：2. 確率・確率分布
　　　　　　◆第2章：1. 分散分析と多重比較

豊泉樹一郎　（Shionogi Inc. Biometrics）
　　　　　　◆第1章：3. 推定／4. 検定Ⅰ

藤原　正和　（塩野義製薬株式会社解析センター Data Science Group）
　　　　　　◆第1章：5. 検定Ⅱ／6. 検定Ⅲ／7. 相関と回帰

山田　　浩　（静岡県立大学薬学部医薬品情報解析学分野教授）
　　　　　　◆第1章：8. 臨床研究計画法とEBM
　　　　　　◆第2章：5. 観察研究／6. 介入試験・メタアナリシス
　　　　　　　　　　　12. 医療者による研究計画の立案・作成

古島　大資　（静岡県立大学薬学部医薬品情報解析学分野助教）
　　　　　　◆第2章：2. 多変量解析／3. 生存時間解析法／4. 疫学概論

村上　好恵　（東邦大学看護学部がん看護学研究室教授）
　　　　　　◆第2章：7. 質的研究

今井志乃ぶ　（独立行政法人国立病院機構本部総合研究センター診療情報分析部主任研究員）
　　　　　　◆第2章：8. ビッグデータ・診療情報を活用した研究

小林　章弘　（グラクソ・スミスクライン株式会社開発本部バイオメディカルデータサイエンス部
　　　　　　プリンシパル・スタティスティシャン）
　　　　　　◆第2章：9. 生物統計家から見た臨床開発におけるデータマネジメント／統計解析

熊谷　　翼　（サイネオス・ヘルス・クリニカル株式会社 Oncology and Hematology Business Unit Global Operations）
　　　　　　◆第2章：10. モニタリングの実際

池原　由美　（琉球大学医学部附属病院臨床研究教育管理センター特命助教）
　　　　　　◆第2章：11. 監査の実際

筒泉　直樹　（アストラゼネカ株式会社クオリティーアシュアランス Asia Pac）
　　　　　　◆第2章：11. 監査の実際

# 第1章

## 基 礎 編

1. データの型と分布，要約
2. 確率・確率分布
3. 推定
4. 検定Ⅰ（統計学的検定とは）
5. 検定Ⅱ〔Studentの$t$検定（対応のない$t$検定），対応のある$t$検定〕
6. 検定Ⅲ（Wilcoxon順位和検定，Wilcoxon符号付き順位検定，カイ二乗検定）
7. 相関と回帰
8. 臨床研究計画法とEBM

## 第1章●基礎編

# 1. データの型と分布，要約

**KEY WORD** データの型，尺度，質的データ，量的データ，度数分布表，ヒストグラム，要約統計量，平均，中央値，分散，標準偏差，四分位偏差，クロス集計表，箱ひげ図

## 1. はじめに

　統計的方法はデータ収集，データ整理，データ解析（記述的解析，推測的解析）に大きく分けられる。統計学において扱う**データ**とは，個々の観測値（数値や属性）についてまとめたもので，コンピュータでプログラムを使った処理の対象となる記号化・数字化された資料である。計画通りデータ収集したあとは，まず正しく効率的にデータを「読む」必要がある。データを読むとは，得られたデータの特徴や様子（特に分布）を知ることである。通常，データはそのままではただの数字の羅列であり，全体の分布の状況をつかむことはできない。データを読むためにはデータを整理し，分布を図表化し，その特徴を表す要約統計量を算出する必要がある。

　本節では，データ整理や記述的解析に必要となるデータの型と分布，要約について述べる。

## 2. データの型と尺度（表1）

　データには「型」と「尺度」があり，その違いによってデータ整理や解析の方法が異なる。データの型は**質的データ**（qualitative data）〔あるいは**カテゴリカルデータ**（categorical data）〕と**量的データ**（quantitative data）（あるいは**数量データ**）に分類できる。質的データとは，カテゴリーに分類されたデータであり，性別（男・女）や血液型（A・B・O・AB），尿タンパク・糖などの定性検査（−，±，1+，2+，3+）など，直接数値で測ることができないデータをいう。一方，量的データとは，定量的な数値で表されたデータであり，身長，体重，温度など，直接数値で測ることができるデータをいう。さらにデータは測定の依っている基準から，**名義尺度，順序尺度，間隔尺度，比尺度**の4つの尺度

表1. データの型と尺度（参考文献6より引用）

| 型<br>(type) | 尺度<br>(scale) | 順序関係があるか | 等間隔性があるか | 絶対零点があるか | 例 |
|---|---|---|---|---|---|
| 質的[定性的]データ<br>(qualitative data) | 名義尺度<br>(nominal scale) | 無 | 無 | 無 | 性別, 職業, 住所 |
| | 順序尺度<br>(ordinal scale) | 有 | 無 | 無 | 「重度」,「中等度」,「軽度」 |
| 量的[計量的]データ<br>(quantitative data)<br>離散データ<br>(discrete data)<br>連続データ<br>(continuous data) | 間隔尺度<br>(interval scale) | 有 | 有 | 無 | 摂氏・華氏温度, 西暦年 |
| | 比尺度<br>(ratio scale) | 有 | 有 | 有 | 年齢, 身長, 体重 |

・計数データ（counting data）：質的データ ＋ 離散データ
・計量データ（measuring data）：連続データ
・時間イベント・データ

(scales) に分類される．これらは順序関係，等間隔性，絶対零点の有無により分けられる．

**名義尺度（nominal scale）** 順序関係のない質的データを名義尺度の水準にあるという．たとえば性別の「男」「女」など．

**順序尺度（ordinal scale）** 順序関係のある質的データを順序尺度の水準にあるという．等間隔性（距離）はない．たとえばアンケート調査での「悪い」「普通」「良い」など．

**間隔尺度（interval scale）** 量的データで，間隔（距離）について比較が可能だが絶対零点を持たないものを間隔尺度の水準にあるという．絶対零点がないため比は意味を持たない．たとえば摂氏温度（℃）など．

**比尺度（ratio scale）**（比例尺度） 量的データで，間隔（距離）について比較可能であり絶対零点を持つものを比尺度の水準にあるという．対象がほかよりも大きいか小さいか，比によって表現が可能．たとえば身長，体重，絶対温度（K）など．

また，量的データの中で連続的な値を取るものを**連続データ**（continuous data），離散的な値を取るものを**離散データ**（discrete data）という．連続データは測る（measure）ことで得られ，離散データは数える（count）ことで得られる．離散データと質的データは尺度が異なるが，解析方法が共通することが多いため，まとめて**計数データ**（counting data）と呼ぶことがある．対して連続データを**計量データ**（measuring data）と呼ぶ．

# 3. 度数分布表とヒストグラム

## 3-1. 度数分布表

量的データは，度数分布表とヒストグラムを作成することでデータの分布を確認できるようになる。例として，ある高校における男子生徒100人の身長を度数分布表にしたものを表2に示す。**度数分布表**とは観測値の取り得る値をいくつかの階級に分け，それぞれの階級に含まれる観測値の数を数え上げて表にしたものである。階級値とは階級を代表する値で，通常は階級の中央の値（上限と下限の和を2で割った値）が当てられる。相対度数はデータ全体を1としたときの各階級の割合を示す。

表2. 男子生徒100人の身長（度数分布表）

| 階級区間 | | | 階級値 | 度数 | 相対度数 |
|---|---|---|---|---|---|
| 155 cm 以上 | 160 cm 未満 | | 157.5 | 2 | 0.02 |
| 160 〃 | 165 〃 | | 162.5 | 9 | 0.09 |
| 165 〃 | 170 〃 | | 167.5 | 29 | 0.29 |
| 170 〃 | 175 〃 | | 172.5 | 41 | 0.41 |
| 175 〃 | 180 〃 | | 177.5 | 16 | 0.16 |
| 180 〃 | 185 〃 | | 182.5 | 3 | 0.03 |
| 合計 | | | | 100 | 1.00 |

## 3-2. ヒストグラム

先に述べた度数分布表から度数または相対度数をグラフにした**ヒストグラム** (histogram) が作成できる（図1 (a)）。グラフの横軸は連続データになっている。そのため，質的データの頻度を表現している棒グラフとは異なり，柱の間隔は空けない。図1 (a) では170 cm 以上175 cm 未満が最も高く，ほぼ左右対称の山型の分布になっていることがわかる。一方，データによっては図1 (b) のように山の峰が2つになる場合がある。これは，先の男子生徒100人に女子生徒100人を加えたデータである。このように性質の異なるデータが混じっている場合，峰が2つになることがある。このような分布を**双峰型** (bimodal) と表現する。この場合，データを性別で層別化することで，分布が理解しやすくなる（図1 (c)）。また，臨床検査値など，臨床のデータでは図1 (d) に示すような偏った分布にしばしば出会う。このような右側に裾を引く分布を**右に歪んだ分布**と表現する。

度数分布表やヒストグラムの幅（**階級幅**）と区切る数（**階級数**）を決める統一的なルールはないが，**スタージェスの公式** (Sturges' rule) が参考になる。これは階級数を求めるための式としては最も有名な式で，観測値の数を $n$ としたとき，階級数は，

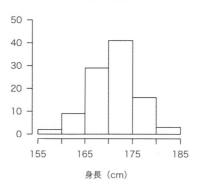
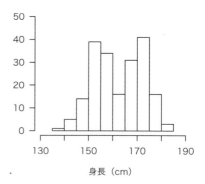

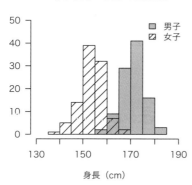
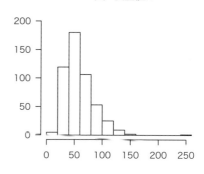

(e) 男子生徒の身長の幹葉図

```
15 | 89
16 | 022233344
16 | 5556666777777778888889999999
17 | 000000000011112222222222233333333334444444
17 | 5555666667788899
18 | 123
```

(f) 女子生徒の身長の幹葉図

```
13 | 9
14 | 12234
14 | 56667777888999
15 | 000001111111111122222233333333344444444
15 | 555555555666666667777888888888999
16 | 0111222
16 | 56
```

図 1．(a) 男子生徒 100 人の身長，(b) 男子生徒 100 人と女子生徒 100 人，(c) 男子生徒と女子生徒を層別化，(d) 右に歪んだ分布の例（検査値 X），(e) 男子生徒 100 人の身長，(f) 女子生徒 100 人の身長

$$階級数 = 1 + \log_2 n$$

で与えられる．実際にヒストグラムを描く際はスタージェスの公式から求めた階級数を参考にすると良いが，あくまで参考に止め，解析者自身で分布の形状を評価しやすい階級数を決めることが大切である[注1]．

注1：スタージェスの公式の詳細は参考文献7を参照．また，同様の式としてはScottの公式やFreedman-Diaconisの公式などがある（参考文献8）．

## 3-3．幹葉図

**幹葉図**（stem and leaf plot）はヒストグラムと同じように，データ分布を表示する方法の一つである．先ほどの高校生の身長データの幹葉図を示す（図1 (e)，(f)）．たとえば，158 cmという観測値であれば，「15」が幹になり「8」が葉になる．これをすべての観測値について行い，小さい順に並べると幹葉図が完成する．幹葉図の特徴は，度数分布表やヒストグラムと異なり，すべての観測値の情報が残されていることである．

# 4．要約統計量

度数分布表とヒストグラムによって，データの分布を視覚的につかむことができた．ここからは，データの分布や特徴を数値で表現する方法について述べる．

データ分布の特性を数量的に表現するものを**要約統計量**（**記述統計量**あるいは**特性値**）と呼ぶ．要約統計量の中でデータ分布の中心を表現するものを**代表値**といい，**平均**（mean）が最もよく知られている．一方，データ分布の散らばりを表現するものを**散布度**といい，たとえば**分散**（variance）などがある．

## 4-1．代表値

### 4-1-1．平均（mean）

$n$個の観測値$x_1, x_2, \cdots, x_n$の和をデータの大きさ$n$で割ったものを**平均**(mean)（正確には，**算術平均**あるいは**相加平均**）という．平均はデータの重心を意味している．

$$\bar{x} = \frac{x_1 + x_2 + \cdots + x_n}{n} = \sum_{i=1}^{n} \frac{x_i}{n}$$

先に述べた男子生徒の身長データでは，

$$\bar{x} = \frac{167 + 171 + \cdots + 167}{100} = \frac{17057}{100} \fallingdotseq 170.6$$

と計算でき，平均値は約 171 cm となる。

4-1-2. 中央値（median）

　データを小さい順に並べたときの真ん中の値を**中央値**（median）という。データの大きさが奇数の場合は，そのまま真ん中の値が中央値となるが，データの大きさが偶数の場合は真ん中を挟む 2 つの値の平均を取り中央値とする。男子生徒の身長データではデータの大きさが偶数のため（100 人），データを小さい順に並べたときの 50 番目（170 cm）と 51 番目（171 cm）の平均が中央値（170.5 cm）となる。分布が対称に近い場合，平均値と中央値は近い値になる。

　別のデータで平均値と中央値について検討してみる。1 週間でどれくらいゲームをするか 10 人に聞いたところ，

$$0,\ 1,\ 1,\ 2,\ 2,\ 4,\ 4,\ 4,\ 4,\ 60\ \text{（時間）}$$

であった。平均値は 8.2，中央値は 3 である。この例では，10 人中 9 人が 4 時間以下であるにもかかわらず，平均値は 8.2 時間と大きな値になった。大きい観測値に平均が引っ張られてしまったためである。このような場合，平均はデータの代表値としては適当ではない。極端に大きな観測値があると，平均は大きく影響されるが中央値はほとんど影響を受けない。

## 4-2. 散布度

### 4-2-1. レンジ（範囲）（range）

　**レンジ**（range）とはデータの散らばりを表現する最も単純なもので，最大値から最小値を引いたものである。男子生徒の身長データでは，最大値が 183 cm，最小値が 158 cm なので，25 がレンジとなる。レンジは最大値と最小値のみで決まるため，外れ値に大きく影響される。このため，これのみで用いられることはない。

### 4-2-2. 四分位偏差（quartile deviation）と四分位範囲（interquartile range）

　中央値のときと同様にデータを小さい順に並べ，データを 4 等分したときの 3 つの分割点を**四分位点**（quartile）という。それぞれ小さいものから第 1 四分位点 $Q_1$，第 2 四分位点 $Q_2$，第 3 四分位点 $Q_3$ と呼ぶ（すなわち，第 2 四分位点は中央値と同じ）。言い換えると，データを中央値で分割したときの，小さいグループでの中央値が第 1 四分位点で，大きいグループでの中央値が第 3 四分位点になる（データの大きさが奇数の場合，データ全体の中央値となった観測値は小さいグループと大きいグループの両者に含まれるものとして考える[注2]）。

注2：たとえば，小さい順に $x'_1, x'_2, \cdots, x'_7$ となる大きさ7のデータについて考える。中央値は $x'_4$ である。このとき，小さいグループは $\{x'_1, x'_2, x'_3, x'_4\}$，大きいグループは $\{x'_4, x'_5, x'_6, x'_7\}$ として考え，$Q_1$ は $(x'_2 + x'_3)/2$，$Q_3$ は $(x'_5 + x'_6)/2$ となる。
この四分位点の求め方は Tukey による hinges の考え方に基づく[5]。これ以外にも四分位点の算出にはいくつかの定義があり，用いる統計ソフトウェアによっては定義の違いから返り値が若干異なることがある（詳細は参考文献9を参照）。

このとき**四分位偏差**（quartile deviation）を $Q$ とすると，

$$Q = \frac{Q_3 - Q_1}{2}$$

で与えられ，真ん中半分のデータが散らばっている範囲を2で割ったものになる。なお，2で割らないものを**四分位範囲**（interquartile range，IQR）と呼ぶ。前述の1週間当たりのゲーム時間のデータでは，$Q_1$ は1，$Q_3$ は4であり，IQR は3となる[注3]。四分位偏差と四分位範囲は中央値と組み合わされて用いられる散らばりの表現である。

分位点と同様の考え方に**パーセント点**（percentile）がある。これは観測値を小さいほうから並べ，$100p\%$（$0 \leq p \leq 1$）で表現するものである。通常は下から累積する下側パーセント点が用いられ，第1四分位点は25パーセント点，中央値は50パーセント点，第3四分位点は75パーセント点に相当する。

注3：最小値，$Q_1$，中央値，$Q_3$，最大値の5つの値でデータを要約することを**五数要約**（5-number summary）と呼ぶ。ゲーム時間のデータでは，五数要約は0, 1, 3, 4, 60となる。

### 4-2-3．平均偏差（mean deviation）

各観測値と平均との差を**偏差**（deviation）といい，偏差について平均を求めたものを**平均偏差**（mean deviation）という。偏差の和はそのままでは0になるため，平均偏差は各偏差について絶対値を取ることで求められる。

$$平均偏差 = \frac{1}{n}\{|x_1 - \bar{x}| + |x_2 - \bar{x}| + \cdots + |x_n - \bar{x}|\}$$

平均偏差は絶対値を利用するため扱いにくく，あまり用いられることはない。

### 4-2-4．分散（variance）と標準偏差（standard deviation）

平均偏差では絶対値を取ったが，絶対値ではなく2乗することでも符号を消すことができる。偏差の2乗の和（これを**偏差平方和**と呼ぶ）について，データの大きさ $n$ で除したものを**分散**（variance）という。分散 $s^2$ は，

$$s^2 = \frac{1}{n}\{(x_1 - \bar{x})^2 + (x_2 - \bar{x})^2 + \cdots + (x_n - \bar{x})^2\}$$
$$= \sum_{i=1}^{n} \frac{(x_i - \bar{x})^2}{n}$$

で求められる。分散の単位は観測値 $x$ の単位の平方となるため，分散の正の平方根を取って単位を戻した**標準偏差（standard deviation）**もよく用いられる。標準偏差 $s$ は，

$$s = \sqrt{\sum_{i=1}^{n} \frac{(x_i - \bar{x})^2}{n}}$$

となる。

　上述の分散と標準偏差は，正確にはそれぞれ**標本分散（sample variance）**と**標本の標準偏差（standard deviation of the sample）**と呼ばれるものである。分散にはほかに**不偏分散（unbiased variance）**と呼ばれるものがあり，単に分散といった場合は不偏分散を意味することが多い[注4]。不偏分散 $u^2$ は，

$$u^2 = \sum_{i=1}^{n} \frac{(x_i - \bar{x})^2}{n-1}$$

で与えられる。標本分散とは違い，不偏分散は分母が $n$ から $n\text{-}1$ に変わっている。実際に解析を行う場合，ほとんどの場合は不偏分散を用いる。不偏分散は得られた観測値が**母集団 (population)** から抽出された**標本 (sample)** として考えたときに有用となる。すなわち，得られたデータそのものの散らばり具合を表現する場合は標本分散を用い，得られたデータ（標本）から母集団の散らばり具合について考える場合は不偏分散を用いる（詳細は第1章「3. 推定」を参照）。

注4：分散 $s^2$ は標本分散と呼ばれることが多いが，書籍によっては不偏分散 $u^2$ を標本分散と表現することもある。また，不偏分散の正の平方根 $u$ を不偏標準偏差と表現する書籍もある（難しいのだが，厳密には $u$ は母集団の標準偏差の不偏推定量ではない）。用語が統一されておらず非常にややこしいため，他の書籍を読む場合は注意してほしい（標準偏差の不偏推定量についての詳細は参考文献10を参照）。

### 4-2-5. 変動係数（coefficient of variation）

　散らばり具合を比較する際，それぞれの分布の中心の位置が大きく異なると，分散や標準偏差では比較することができない。そこで標準偏差を平均値で調整した**変動係数 (coefficient of variation, CV)** がよく用いられる。

$$CV = s/\bar{x}$$

変動係数は無次元数（単位を持たない数）であるため，異なる単位を持つものの散らばり具合を比較する際にも用いることができる。変動係数はパーセンテージで表記されることもある（上記式に 100 を掛けるとパーセンテージになる）。

### 4-3．歪度（skewness）と尖度（kurtosis）

代表値と散布度のほかに，分布の形状を示す特性値として**歪度（skewness）**と**尖度（kurtosis）**がある。歪度と尖度は正規分布に近いかどうかを見る指標になる。歪度は分布が左右対称のとき 0 となり，分布が右に歪む（右に裾を引いている）と正，左に歪むと負の値を取る。尖度は正規分布と比べ裾が短くなると小さく，裾が長くなると大きくなる（正規分布については第 1 章「2．確率・確率分布」を参照）。

## 5．データの図表化による記述方法

これまで量的データ（身長のデータなど）を主に扱い，実際のデータ整理・記述的解析を見てきた。ここでは，ほかの場合の記述方法として，表とグラフについて例を挙げて説明する。

### 5-1．質的データ

同じクラスの生徒 50 人について血液型を調べたとする。血液型は質的データのため，結果は表で記述するとわかりやすくまとめることができる（**表 3-1**）。また，ここから**棒グラフ**を作成することもできる（図 2（a））。

表 3-1．50 人の血液型

|  | A | AB | B | O | 合計 |
|---|---|---|---|---|---|
| 人数 | 21 | 4 | 9 | 16 | 50 |

### 5-2．質的データと質的データ

先ほどの血液型のデータに性別の情報が加わった場合を考える（**表 3-2**）。このような表を**クロス集計表（cross table）**と呼ぶ（この場合は 2×4 のクロス集計表と呼ぶ）。質的データと質的データの関係を見るのに有効な記述方法である。縦方向の変数（この表では「性別」）を**表側**，横方向の変数（この表では「血液型」）を**表頭**という。グラフとしては積み上げ棒グラフや横並びにした棒グラフを描くことができる（図 2（b），（c））。ほかにはバルーンプロットも有用な記述方法となる（図 2（d））。

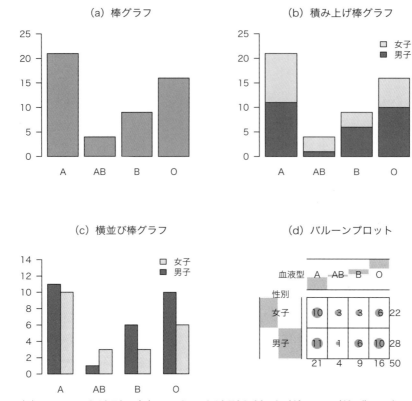

図 2. （a）50 人の血液型，（b）50 人の血液型と性別（積み上げ棒グラフ），（c）50 人の血液型と性別（横並び棒グラフ），（d）50 人の血液型と性別（バルーンプロット）

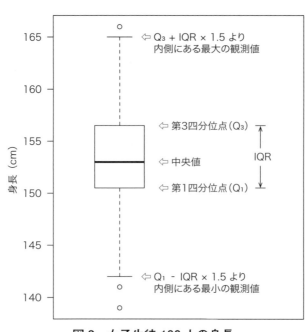

図 3. 女子生徒 100 人の身長

表 3-2. 50 人の血液型と性別

|  | A | AB | B | O | 合計 |
|---|---|---|---|---|---|
| 男子 | 11 | 1 | 6 | 10 | 28 |
| 女子 | 10 | 3 | 3 | 6 | 22 |
| 合計 | 21 | 4 | 9 | 16 | 50 |

### 5-3. 量的データ

量的データでは，すでに述べてきたように度数分布表とヒストグラムが有用な記述方法である。その他の方法として，**箱ひげ図**（box and whisker plot）がある（図3）。箱ひげ図を描く手順は次のようになる。1) 第1四分位点と第3四分位点を箱の下端と上端にし，箱を描く。2) 箱の中に中央値を示す線を描く。3) 箱の端から箱の長さ（すなわち四分位範囲 IQR）の 1.5 倍以上離れている観測値を外れ値とし，点を打つ。4) 外れ値ではない最も遠いデータまで「ひげ」を伸ばし，完成となる。箱ひげ図では，四分位範囲を含めた分布の様子がおおよそで理解しやすくなる。

### 5-4. 量的データと質的データ

たとえば「身長」と「性別」について関係が見たい場合，ヒストグラムでは図1（c）のように「性別」で色分けすることで，性別ごとの分布を視覚的に得ることができた。ほかに箱ひげ図も利用できる（図4 (a)）。または，観測値をそのまま点で表現した**ドットプロット**も有効である（図4 (b)）。ドットプロットではすべての観測値を利用しているため，箱ひげ図に比べ各観測値の情報は失われていない。ただし，観測値が多くなると煩雑なプロットになってしまい，分布の様子がわかりにくくなってしまう。これらは状況によって使い分ける必要がある。

### 5-5. 量的データと量的データ

たとえば「身長」と「体重」の関係を見たい場合などが量的データと量的データの関係になる（詳細は第1章「7. 相関と回帰」を参照）。ここで用いられるのは，**散布図**（scatter plot）である。図5では，身長が高い人のほうが体重も重い傾向にあることがわかる。また，全体として男子はグラフの右上に集団を作っており，女子は左下に集団があることがわかる。

## 6. まとめ

本節では，データ整理・記述的解析に必要なデータの型と分布，要約について説明した。データ収集後はすぐに「計算」を始めるのではなく，まずはデータの型と尺度を確認して，

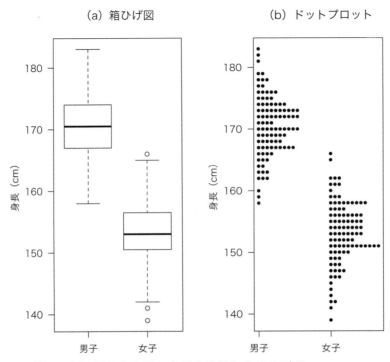

図 4. (a) 男子と女子の身長を比較した箱ひげ図,
(b) 男子と女子の身長を比較したドットプロット

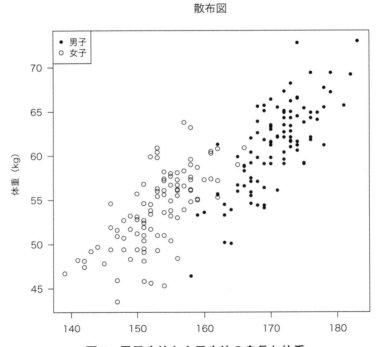

図 5. 男子生徒と女子生徒の身長と体重

適切な表やグラフを描くことが大切である。グラフを描いた後，要約統計量を算出してデータ分布について記述する。これらの一連がデータ整理・記述的解析である。本節ではデータの記述方法として，さまざまなグラフを紹介した。適切なグラフを描くことは複雑な解析を行うことよりも大切なことが多い。実際にデータ解析を行う場合は，データ整理・記述的解析を行ってから，より複雑な推測的解析に進む。

■参考文献
1）宮原英夫，丹後俊郎：医学統計学ハンドブック，pp. 3-45，朝倉書店，1995
2）東京大学教養学部統計学教室（編）：統計学入門，pp. 1-66, 175-192，東京大学出版会，1991
3）Armitage P, Berry G : Statistical methods in medical research（3rd ed），pp. 1-40, 78-92, Blackwell Science, 1994
4）Peacock JL, Peacock PJ : Oxford handbook of medical statistics, pp. 173-202, Oxford press, 2011
5）John W Tukey : Exploratory data analysis, pp. 1-96, Addison-Wesley Pub, 1977
6）大門貴志：統計学の起源，データの型と尺度．Clinical Research Professionals 2 : 40-43, 2007
7）Sturges HA : The choice of a class interval. Journal of the American Statistical Association 21 : 65-66, 1926
8）Venables WN, Ripley BD : Modern Applied Statistics with S, 4th ed, Springer, 2002〔WN ヴェナブルズ，BD リプリー（著）：伊藤幹夫，大津泰介，戸瀬信之，中東雅樹，丸山文綱，和田龍麿（訳）：S-PLUS による統計解析，第2版，pp. 127-163，シュプリンガー・ジャパン，2009〕
9）Hyndman RJ, Fan Y : Sample quantiles in statistical packages. American Statistician 50 : 361-365, 1996
10）吉澤康和：新しい誤差論，pp. 1-18, 77-97，共立出版，1989

## 問題と解答

**問題 1．質的データとして正しいのはどれか。<u>3つ選べ</u>。**

a）料理の評価アンケート（「美味しい」「普通」「まずい」）
b）血圧の測定値（mmHg）
c）体重（kg）
d）マラソンの順位
e）通勤手段（徒歩，自転車，車，電車）

**解答　a, d, e**

尺度については，aとdは順序尺度，eは名義尺度である。

第1章 基礎編

問題2. 友達9人が2チームに分かれてボウリングを行ったところ，スコアが次のように得られた。

　　　　Aチーム（5人）「69, 74, 48, 79, 230」
　　　　Bチーム（4人）「100, 110, 96, 94」

　　　データの型や要約の記載として，正しいのはどれか。<u>3つ選べ</u>。

a) スコアは質的データである。
b) 平均はどちらのチームも100である。
c) 中央値はAチームが74，Bチームが98である。
d) 標本分散はAチームの方がBチームより大きい。
e) 標準偏差はAチームの方がBチームより小さい。

解答　b, c, d
　標本分散を計算するとAが4336.4，Bが38である。標準偏差は分散の正の平方根である。そのためdが正しく，eが間違いとなる。


問題3. 次のデータは男子高校生50人の体重(kg)を示すものである。以下の各問に答えよ。

　　56, 56, 60, 67, 60, 57, 62, 67, 65, 54, 68, 64, 60, 46, 64, 66, 63, 59,
　　59, 64, 64, 66, 62, 53, 63, 61, 56, 61, 55, 62, 64, 65, 65, 59, 56, 63,
　　66, 62, 62, 61, 66, 54, 73, 62, 57, 58, 65, 64, 54, 65

イ）度数分布表を作成せよ。ただし階級の幅は5とし，最初の階級区間を45 kg以上50 kg未満とする。
ロ）イ）で作成した度数分布表からヒストグラムを描け。
ハ）平均と標本の標準偏差を求めよ。
ニ）中央値と四分位範囲（IQR）を求めよ。

**解答**

イ）

| 階級区間 | | 階級値 | 度数 | 相対度数 |
|---|---|---|---|---|
| 45 kg 以上　50 kg 未満 | | 47.5 | 1 | 0.02 |
| 50　〃　55　〃 | | 52.5 | 4 | 0.08 |
| 55　〃　60　〃 | | 57.5 | 11 | 0.22 |
| 60　〃　65　〃 | | 62.5 | 21 | 0.42 |
| 65　〃　70　〃 | | 67.5 | 12 | 0.24 |
| 70　〃　75　〃 | | 72.5 | 1 | 0.02 |
| 合計 | | | 50 | 1.00 |

ロ）

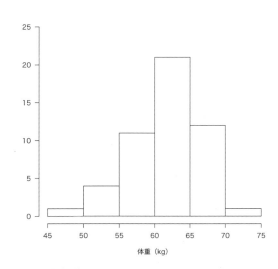

ハ）平均 61.2，標本の標準偏差 4.78

ニ）中央値 62，四分位範囲 7（第 1 四分位点 58，第 3 四分位点 65）

# 第1章●基礎編

# 2. 確率・確率分布

**KEY WORD** 確率, 確率変数, 確率分布, 確率密度, 確率密度関数, 二項分布, ポアソン分布, 正規分布

## 1. 確率・確率分布の定義

　確率とは,「一つの事象の起こり得る確からしさの程度」である。1枚の硬貨を投げるとき, 表が出ることと裏が出ることは同じ程度に期待できるので, 表が出る事象は半分程度に起きると考える。また, 1個のサイコロを投げるとき, どの目が出る事象も同じ程度に期待できるので「1」の目が出る可能性は1/6と考える。

　サイコロを投げる試行を行ったとき, 出る目は {1, 2, 3, 4, 5, 6} のいずれかであり, それぞれの目（値）を確率変数という。それぞれの目に対して, つまり, それぞれの確率変数の値に対して, 起こる確率（サイコロの場合はすべて等しく1/6）が与えられているとき,「確率分布が与えられた」という。確率分布とは「ある事象の起こる確かさを確率で表した分布モデルの総称（確率変数が取る値とその値となる事象が起こる確率の対応状況）」であり, 統計学では, あらゆる統計的事象は確率分布すると考える。

## 2. 確率

　確率には, 確率の値の導き出し方が理論的な方法による古典的確率（理論的確率）と, 統計的な方法による経験的確率（統計的確率）の2種類がある。

### 2-1. 古典的確率（理論的確率）

　「硬貨」や「サイコロ」の例のように, 理論上起こり得る可能性について計算して求める方法を古典的確率（理論的確率）という。

　ある事象Eが起こる確率＝ある事象Eが起こる度数／起こり得る全事象の度数

$$P(E) = n(E)/N$$
(E : event, P : probability, n : number)

例）1 個のサイコロを 1 回投げて「1」の目が出る確率

起こり得る全事象の度数は，{1, 2, 3, 4, 5, 6} の 6 通りであるから，N=6，「1」の目が出るのは，1 通りであるから n(1)=1 である。したがって，「1」の目が出る確率 P(1) は次のように求められる。

$$P(1) = n(1)/N = 1/6$$

### 2-2. 経験的確率（統計的確率）

実際にサイコロを投げてみると，「サイコロを 6 回投げて，すべての目が 1 回ずつ出る」ということはまずない。10 回，100 回，1000 回と投げる回数（試行回数）を増やしていくと，それぞれの目の出る確率はだんだんと等しく 1/6 に近づく。「1」の目が出る確率も試行回数が増えるにつれて 1/6 に近づく。

身近な例としては，「生まれる子供が男の子である確率」は，観測数を増やしていくと一定の値に近づくことがわかっている。このように，同一の条件の下で，試行の回数を増やしていくと，ある事象が起こる確率が一定の値に近づく。そして，実際に試行した結果として明らかになった確率のことを経験的確率（統計的確率）という。

## 3. 確率分布

確率分布には，離散型確率分布と連続型確率分布の 2 種類がある。

### 3-1. 離散型確率分布

サイコロの目や硬貨の表と裏のように，変数の値が不連続な確率変数を離散的確率変数といい，その確率分布を離散型確率分布という（サイコロの目には，1.3 や 2.5 という値はなく，1 と 2 の間，2 と 3 の間は連続していない）。

### 3-2. 連続型確率分布

変数の値が離散的ではなく，長さや重さのように連続的な値を取る変数は連続的確率変数といい，その確率分布を連続型確率分布という。

### 3-3. 確率分布の性質

ある確率変数が「ある値を取る確率」は 0 から 1 の間である。離散型確率分布をサイコロで考えてみる。この場合，ある確率変数はサイコロの目であり，「ある値」は 1 から 6

の中から任意に選ぶことができる。たとえば，サイコロの目が「1」となる確率は，0以上1以下である。ある値xを取る確率をf(x)とすれば，0≦f(x)≦1となる。このことを図示すると，図1のようになる。各サイコロの目の棒グラフの高さは，その目が出る事象の確率を表し，この1本1本を確率密度という。なお，すべての棒グラフの長さの合計は1である。

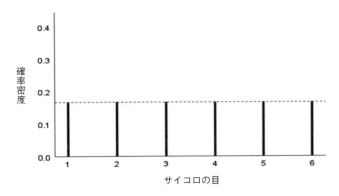

**図1．サイコロの目の確率密度分布**

次に，連続型確率分布をある集団の成人女性の身長（仮想データ）で考えてみる。この場合，ある確率変数は成人女性の身長であり，「ある値」は任意の身長（長さ）となる。この連続型確率分布を図示すると，図2のようになる。

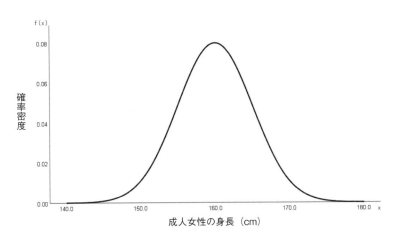

**図2．成人女性の身長の確率密度分布（仮想データ）**

この図の山の高さは確率密度であるが，離散型とは異なり，確率ではない。連続型確率分布の場合，ある確率変数値から隣の確率変数値までに，確率変数が取り得る値は無限にある（たとえば，160cmと161cmの間には160.2cmや160.5cm，160.000001cmなど無数の値が存在する）。そのため，「ある値」一点を取る確率は1/∞，すなわち0となる。連

続型確率分布では，ちょうど「ある値」を取る確率ではなく，「ある区間内の値」を取る確率を考える。成人女性の身長の例では，身長が 160cm の成人女性の確率（x=160cm）ではなく，身長が 160cm 以上 161cm 以下の成人女性の確率（160cm ≦ x ≦ 161cm）を知ることができる。図3の塗りつぶした部分の面積が確率を示す。数式で書けば次の通り。

$$P(a \leqq x \leqq b) = \int_a^b f(x)dx$$

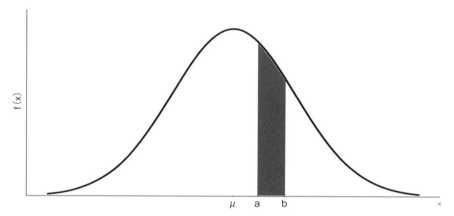

図3．確率密度関数で示される曲線（正規分布）における面積と確率
（正規分布については後述）

この分布の形状を表す曲線を確率密度曲線，関数を確率密度関数 f(x) という。整理すると，確率密度関数の一点における高さが確率密度であり，確率密度曲線の下の一定幅の面積が確率を表す。x 軸と確率密度曲線で囲まれる，曲線下の全面積は1である（確率変数が取り得るすべての値（全事象）が起こる確率の合計は1である）。なお，離散型確率分布でも，分布の形状を表す線は，直線であっても，確率密度曲線という。

## 4．二項分布

二項分布とは，ベルヌーイ試行を繰り返したときの確率分布である。

### 4-1．ベルヌーイ試行

「硬貨を投げたときに表が出るか裏が出るか」のように，1回の試行で，2種類のどちらかの事象しか起こらない試行を「ベルヌーイ試行」という。ベルヌーイ試行では2つの事象のうち一方に着目し，その事象が起きた場合に確率変数 X が取る値を「1」，もう一方の事象が起きた場合に確率変数 X が取る値を「0」とする。そして，1回のベルヌーイ試行で着目した事象が起きる確率を p(0≦p≦1) とすると，それぞれの確率は次のように表される。

$$P(x = 1) = p$$
$$P(x = 0) = 1 - p$$

## 4-2．二項分布

ベルヌーイ試行を n 回行って，そのうち x 回だけ着目した事象が起こる確率は二項分布する。着目した事象が起こる確率が p であるとき，二項分布 B（n, p）の確率は次の式で求められる。

$$P(X = x) = \binom{n}{x} p^x (1-p)^{n-x} \quad x = 0, 1, 2, \cdots, n$$

また，確率密度関数は次の式で表される。

$$f(x) = {}_nC_x p^x (1-p)^{n-x}$$

図4は，硬貨を10回投げて表が出る事象の二項分布である。図5は，硬貨を50回投げて表が出る事象の二項分布である。

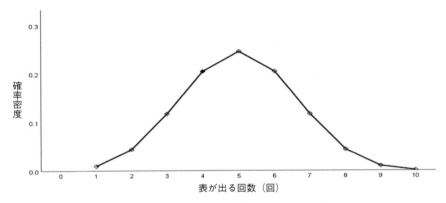

図4．10回の硬貨投げ試行の二項分布

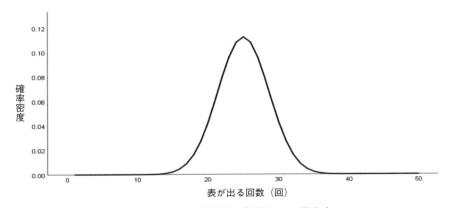

図5．50回の硬貨投げ試行の二項分布

### 4-3. 二項分布の平均・分散・標準偏差

平均　　　　$\mu = np$
分散　　　　$\sigma^2 = np(1-p)$
標準偏差　　$\sigma = \sqrt{np(1-p)}$

## 5. ポアソン分布

二項分布と並んで代表的な離散型確率分布がポアソン分布である。交通事故のように 1 人当たりとしては極めて稀で，離散的に起こる事象の頻度がこの分布で近似される。これは，二項分布において着目した事象が起こる確率 p が極めて小さい場合と考えられる。

### 5-1. ポアソン分布の確率密度関数

n 回の試行のうち x 回だけ，着目した事象が起こる確率は下の式によって求められる。

$$f(x) = \frac{e^{-\mu}\mu^x}{x!} \quad \text{ただし、} \quad \mu = np$$

※e は自然対数の底（e=2.71828···）

### 5-2. ポアソン分布の平均・分散・標準偏差

平均　　　　$\mu = np$
分散　　　　$\sigma^2 = np = \mu$
標準偏差　　$\sigma = \sqrt{\sigma^2} = \sqrt{np} = \sqrt{\mu}$

## 6. 正規分布

正規分布は，統計学において最も重要な確率分布である。

### 6-1. 正規分布の重要性

正規分布は英語で normal distribution といい，「一般的な分布」と理解することができる。この名称は，自然現象や社会現象の中には正規分布するものが非常に多いことに由来する。たとえば，ヒトの身長や体重，大規模な学力試験の得点などがある。

### 6-2. 正規分布の形状

正規分布の形状は，図 6 のように，平均を山の中央として，左右対称になめらかに広がった釣り鐘型である。平均 $\mu$ の値によって山は左右に移動し，標準偏差 $\sigma$ の値が大きくなると形状が平たく低くなり，小さくなると幅が細く高くなる。基本とされる形状は平均 =0 で標準偏差 =1 の標準正規分布 $N(0,1)$ である。平均値と最頻値と中央値が一致する。

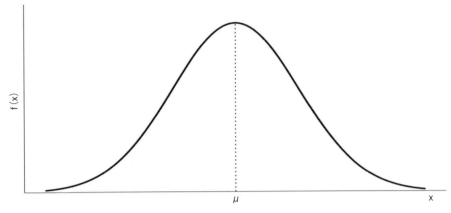

図6．正規分布の形状

## 6-3．正規分布の確率密度関数

正規分布とは，平均を $\mu$，標準偏差 $\sigma$ とした場合に $N(\mu, \sigma^2)$ と表記され，確率密度関数は下記の式で求められる。また，ある確率変数 X の確率分布が正規分布 $N(\mu, \sigma^2)$ であるとき「確率変数 X は $N(\mu, \sigma^2)$ に従う」といい，『 $X \sim N(\mu, \sigma^2)$ 』と表記される。

$$f(x) = \frac{1}{\sqrt{2\pi\sigma^2}} e^{\frac{-(x-\mu)^2}{2\sigma^2}}$$

$0 \leq f(x) \leq 1$ であり，確率密度（密度曲線の下の面積）の合計は 1 である。

## 6-4．正規分布の性質

前述のように，正規分布は，平均 $\mu$ と標準偏差 $\sigma$ が変わると分布の位置と形状が変わる。ところが，どのような形状であっても，「ある標準偏差からある標準偏差の区間の面積（確率）は一定」という性質がある。図7には標準偏差が，それぞれ 0.25，1.0，2.0 の正規分布が描かれている。3つの分布は形状が異なるが，平均と1標準偏差の区間の面積（確率）は等しく約 0.34 である。これは，どのような形状の正規分布でも，標準化によって標準正規分布に変換できることと同義である。

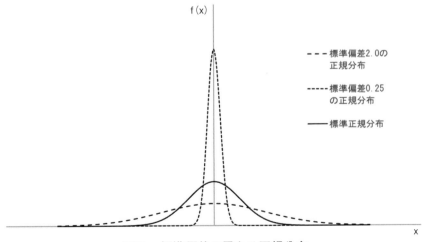

図7．標準偏差の異なる正規分布

平均 $\mu$，標準偏差 $\sigma$ の正規分布をする変数 x を標準化すると，$z=\frac{x-\mu}{\sigma}$ になる。z は標準（化）正規変数といい，平均 0，標準偏差 1 の標準正規分布 N(0, 1)に従う。たとえば，前述の成人女性の身長（仮想データ）を考えてみる。身長（x）は，平均 160cm，標準偏差 5.0cm の正規分布 N(160, $5^2$)に従っているとする。170cm の女性の場合，z=(170-160)=2.0 であり，145cm の女性の場合，z=(145-160)=-3.0 となる。これを用いて，170cm の女性は平均値 +2.0 標準偏差，145cm の女性は平均値 -3.0 標準偏差と表すことができる。

## 6-5. 正規分布の性質の利用

成人女性の身長の分布の例をもう少し考えてみる。分布から選び出したある女性の身長が 170cm 以下である確率は，下図の塗りつぶした部分（x=170 から左側）の面積（確率）である。この面積を求めるには，標準（化）正規変数 z を利用する。

図 8 の下側の数直線に示すように，x 軸の身長は標準（化）正規変数 z に対応している。したがって，ある女性の身長が 170cm 以下である確率 $P(x \leqq 170)=P(z \leqq 2.0)$ である。この $P(z \leqq 2.0)$ は，釣り鐘の左半分の面積 $P(z \leqq 0)$ と面積 $P(0 \leqq z \leqq 2.0)$ を合わせたものである。釣り鐘の左半分の面積は 1 の半分，すなわち 0.5 である。面積 $P(0 \leqq z \leqq 2.0)$ は，標準正規分布表（巻末資料）から 0.4772 と読み取ることができ，$P(z \leqq 2.0)$=0.5+0.4772=0.9772 となる。以上から「成人女性の身長が 170cm 以下である確率は 0.9772（97.72％）である」ということがわかる。

標準化によって平均や標準偏差が 0 や 1 でない正規分布を，標準正規分布として扱うことが可能となる。

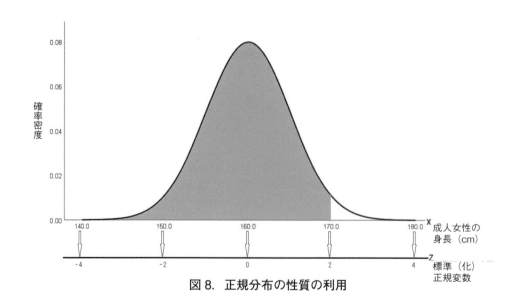

図 8. 正規分布の性質の利用

### 問題と解答

模擬試験や学力テストのときに利用されている「偏差値」は，次のように計算されている。Xを個人の成績（得点），$\mu$は平均点，$\sigma$は標準偏差とすると，

$$\text{偏差値 } Y = 10 \times \frac{X-\mu}{\sigma} + 50$$

いま，XとYの母集団の分布は正規分布であるとする。

**問題1．** 偏差値が80以上の人は何パーセントいることになるか。

**解答　0.13％**

「偏差値80以上」を標準化する。先ほどの式は標準（化）正規変数$z$を用いて，変形することができる。

$Y = 10 \times \frac{X-\mu}{\sigma} + 50 = 10 \times z + 50$

ここで，$Y \geqq 80$ より，$z \geqq 3$

したがって求める確率は，$P(z \geqq 3.0)$であり，標準正規分布表より0.13％である。

**問題2．** 偏差値が50以上70未満の人は何パーセントいることになるか。

**解答　47.72％**

「偏差値50以上70未満」を標準化する。

$50 \leqq Y < 70$

$50 \leqq 10 \times z + 50 < 70$ より，$0 \leqq z < 2$

よって求める確率は，$P(0 \leqq z < 2.0)$であり，標準正規分布表より47.72％である。

**問題 3.** 偏差値が 40 以上 60 未満の人は何パーセントいることになるか。

**解答** 68.26%

「偏差値 40 以上 60 未満」を標準化する。

$40 \leqq Y < 60$

$40 \leqq 10 \times z + 50 < 60$ より，$-1 \leqq z < 1$

よって求める確率は，$P(-1.0 \leqq z < 1.0)$ である。標準正規分布表より $P(0 \leqq z < 1.0)$ は 34.13%であるから，$P(-1.0 \leqq z < 1.0)$ は $34.13 \times 2 = 68.26$%である。

# 第1章●基礎編

# 3. 推定

**KEY WORD** 標本, 母集団, 標本平均, 標本分散, 点推定, 区間推定, 信頼区間, 不偏

## 1. はじめに

　第1章「1. データの型と分布, 要約」では, 得られたデータをどのように要約するかを学んだ。これは, 得られたデータを集約して, そこから必要な情報を抽出するための処理であり, 重要なものである。さらに「2. 確率・確率分布」では確率分布について学び, データがある確率分布に従う場合, どのような値がどのくらいの確率で得られるのかについて学んだ。

　一方, 実際にデータを収集した際には, その得られたデータからどのようなことがいえるのかが重要なことが多い。たとえば, 臨床試験では試験参加に同意していただいた患者さんに新薬を服用してもらい, 投与後のデータを収集する。その目的は新薬の効果がどの程度かを知ることであり, 得られたデータから推測することになる。

　本節では, その方法論を統計学的な用語の解説も踏まえて紹介する。

## 2. 母集団と標本（図1）

　はじめに, どのようなデータがあれば薬の効果を表すことができるのかについて考えてみる。薬の効果は平均などで表現されることが多い。たとえば血圧を低下させることで高血圧を治療する降圧薬の場合, 患者さんの血圧を平均的にどの程度低下させるのかに主な興味があるであろう。ここでの「患者さん」は, その薬が投与される可能性がある患者さん全体, たとえばすべての高血圧の患者さんを表す。これを知るための最も単純な方法は, すべての高血圧の患者さんに薬を服用してもらい, その血圧低下量の平均を計算すれば良い。しかしながら, 国内だけで800万人いるといわれている高血圧の患者さん全員に, 薬を服用してもらうのは現実的ではないことは明らかである。そこで実際には, 一部の患者さんに臨床試験に参加してもらい, その参加者の中で血圧がどの程

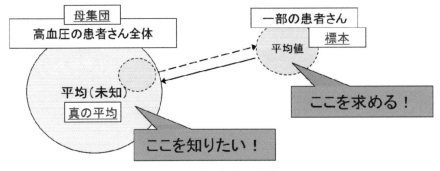

図1. 標本と母集団

度低下したかを調べ，そこからすべての患者さんでの効果を推測することになる。

以上を統計学的な用語で言い換えると，私たちが興味を持つ集団の全体を**母集団**（population）という。そして，母集団からその一部を無作為に抽出し，それを分析して，母集団について推測することになる。これを**統計学的推測**（statistical inference）と呼び，その過程で抽出された母集団の一部を**標本**（sample）と呼ぶ。先の例では，母集団はすべての高血圧の患者さん，標本は臨床試験に参加した患者さんの集合を表す。

## 3. 推定とは

統計学的推測では，母集団においては個々のデータが得られる確率は，ある確率分布に従っていると想定することが多い。たとえば血圧の低下量であれば，前節で学んだ正規分布に従うと想定するであろう。正規分布は平均 $\mu$ と分散 $\sigma^2$ で定まるので，これらの値が推測できれば母集団での確率分布が決まることになる。統計的推測では $\mu$ や $\sigma^2$ のように母集団の確率分布を決定する定数を求めることが目的となり，これらの定数を**パラメータ**（parameter）と呼ぶ。$\mu$ と $\sigma^2$ を「真」の平均や「真」の分散と呼ぶこともある。これらのパラメータについて，手持ちの標本のデータから推測することを**推定**（estimation）と呼び，実際に標本データを使い推定された値を**推定値**（estimate）と呼ぶ。

推定値はしばしば，推定したいパラメータに ^（ハット）を付けたもので表される。たとえば，$\mu$ と $\sigma^2$ についての推定値は $\hat{\mu}$ と $\hat{\sigma}^2$ で表されることが多い。先の例であれば，患者さんすべてに降圧薬を投与したときの，血圧低下量の平均値を知りたい。よって知りたい値は $\mu$ である。これを手持ちの標本のデータを使って $\hat{\mu}$ を計算することで，$\mu$ を推測することになる。

## 4. 点推定

パラメータを1つの値で推定する方法を**点推定**（point estimation）と呼ぶ。以下では具体的な点推定の方法について述べる。

## 4-1. 母集団のデータが正規分布に従う場合（図2）

母集団の血圧低下量のデータが平均 $\mu$，分散 $\sigma^2$ の正規分布に従う場合を考える。このとき，母集団における血圧低下量の平均 $\mu$ の推定を，標本の平均値から行おうと考えるのは自然であろう。$n$ 人の患者さんに薬が投与されたとして，$i$ 番目の患者さんでの血圧低下量を $X_i (1 \leq i \leq n)$ とすると，標本の平均 $\bar{X}$ は

$$\bar{X} = \frac{\sum_{i=1}^{N} X_i}{n}$$

から得られる。この値をもって平均 $\mu$ の推定値とする。すなわち $\hat{\mu} = \bar{X}$ である。

しかし，同じ母集団から抽出した標本であっても，無作為抽出を複数回行い，そのたびに点推定を行った場合，推定値がそのつど異なることが考えられる。つまり，同じ母集団から抽出した標本であっても，そこから得られる推定値はばらつくことになる。無作為抽出が正しく行われているのであれば，推定値は母数を中心にばらつく。そのため，このように推定される値についても標準偏差を考えることができる。推定される値の標準偏差を**標準誤差**（standard error）と呼ぶ。

ここまでは，母集団のデータが正規分布に従う場合の平均の推定について標本平均を用いて推定すること，無作為抽出を繰り返すことでその値がバラツくことを述べてきた。では，標本平均 $\bar{X}$ を用いて，母集団の平均 $\mu$ を推定することは適切なのであろうか。標本平均 $\bar{X}$ の期待値を計算して考えてみよう。標本に含まれる患者さん一人ひとりのデータ $X_i$ は，平均 $\mu$，分散 $\sigma^2$ の正規分布に従う。すなわち $E[X_i] = \mu$ である。これを用いて標本平均 $\bar{X}$ の期待値は

$$E[\hat{\mu}] = E[\bar{X}] = E\left[\sum_{i=1}^{n} \frac{X_i}{n}\right] = \frac{\sum_{i=1}^{n} E[X_i]}{n} = \frac{\sum_{i=1}^{n} \mu}{n} = \frac{\mu n}{n} = \mu$$

となり，$\mu$ と一致する。すなわち，標本平均の期待値は推定したいパラメータの値と等し

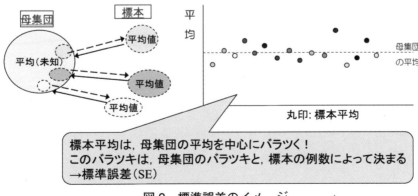

図2. 標準誤差のイメージ

くなっており，標本平均を用いて母集団の平均を推定することが，ある程度適切であるとがわかるであろう。このように推定に用いる値の期待値が，推定するパラメータの値と等しくなる性質を**不偏**と呼ぶ。

一方，標本平均のばらつきはどうだろうか。患者さん一人ひとりのデータは独立であるため，平均の推定値 $\hat{\mu}$ の分散は

$$Var[\hat{\mu}] = Var[\bar{X}] = Var\left[\sum_{i=1}^{n}\frac{X_i}{n}\right] = \frac{\sum_{i=1}^{n}Var[X_i]}{n^2} = \frac{\sum_{i=1}^{n}\sigma^2}{n^2} = \frac{n\sigma^2}{n^2} = \frac{\sigma^2}{n}$$

となる。$\hat{\mu}$ の標準偏差はこの平方根を取ったものであり，これが先ほど述べた標準誤差に対応する。すなわち，母集団が正規分布に従うデータで，標本平均の標準誤差は

$$標準誤差 = \frac{\sigma}{\sqrt{n}}$$

で与えられることがわかる。式を見てわかる通り，標準誤差は標本に含まれるデータ数と母集団のばらつき（標準偏差）に依存する。すなわち，標本に含まれるデータ数 $n$ が多くなるほど，または標準偏差が小さくなるほど標準誤差は小さくなる。これは推定値のばらつきが小さくなる，すなわち推定値がより真の平均値に近い値を取る確率が高くなり，推定の精度が上がることを示している。

一方，分散についての推定値，すなわち標本分散では一般的に以下の式で与えられる。

$$\hat{\sigma}^2 = S^2 = \frac{\sum_{i=1}^{n}(X_i - \bar{X})^2}{n-1}$$

分母が $n-1$ である点に注意していただきたい。平均の推定と同じように，標本での単純な分散すなわち $\sum_{i=1}^{n}(X_i - \bar{X})^2 / n$ で，母集団の分散を推定すれば良いと考えるかもしれない。しかし，この期待値は

$$E\left[\frac{\sum_{i=1}^{n}(X_i - \bar{X})^2}{n}\right] = \frac{n-1}{n}\sigma^2$$

となり，不偏ではないことがわかる。一方，$S^2 = \sum_{i=1}^{n}(X_i - \bar{X})^2 / (n-1)$ の期待値は

$$E[S^2] = E\left[\frac{\sum_{i=1}^{n}(X_i - \bar{X})^2}{n-1}\right] = \sigma^2$$

となり不偏である。そのため，$S^2$ が分散の推定に通常用いられる。また，標準偏差 $\sigma$ については $\sqrt{S^2}$ で推定し，標準誤差については $\sqrt{S^2}/\sqrt{n}$ で推定する。

### 4-2. 母集団のデータが二項分布に従う場合

ここまでは血圧低下量の場合を考え，母集団のデータが正規分布に従うと仮定してきた。高血圧の治療薬の効果の指標として測定される項目によっては，母集団の分布が他の確率分布に従うと考える場合もあるであろう。たとえば血圧を連続値として捉えるのではなく，25mmHg以上低下すれば有効，そうでなければ無効とする二値応答の場合を考える。その場合，$n$ 人の患者さんのうち有効の患者数 $X$ は，母集団において治療が有効な患者さんの割合を $p$ とすると二項分布 $Bi(n,p)$ に従うと考えられる。ここで $p$ を $n$ 人の患者さんに占める有効の患者さんの数の割合として推定することは自然であろう。すなわち

$$\hat{p} = \frac{X}{n}$$

である。標本に含まれるデータの数が $n$ の臨床試験において，有効となる患者数 $X$ の期待値は

$$E[X] = np$$

で表される。これを式変形すると

$$E\left[\frac{X}{n}\right] = p$$

となるので $\hat{p}$ を用いて，母集団で治療が有効な患者さんの割合について推定を行えば不偏となることがわかる。

# 5. 区間推定

### 5-1. 区間推定とは（図3）

ここまでは，母数を1つの値で推定する点推定について述べてきた。しかしながら，前項でも述べた通り，推定される値にはばらつきが伴うので誤差が生じる。そこで，点推定のように1つの値でのみ推定を行うのではなく，誤差も考慮に入れた推定の方法がある。このような方法を **区間推定**（interval estimation）と呼び，ある程度幅を持たせて推定を行う。区間推定によって算出された区間を **信頼区間**（confidence interval）と呼ぶ。

区間推定を行う場合には，まず信頼係数を設定することが必要になる。信頼係数は，標

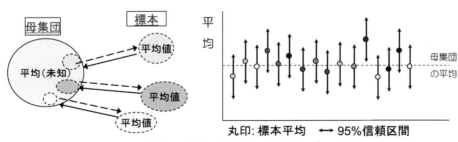

図3. 95%信頼区間のイメージ

本から無作為抽出を繰り返し行い，それぞれの標本から算出された信頼区間がどの程度の確率で，パラメータの値を含んでいるかを表すものである。この信頼係数には慣例的に95%が用いられることが多く，この信頼係数に基づく信頼区間を **95%信頼区間** と呼ぶ。95%信頼区間は，標本から無作為抽出を繰り返し行い，それぞれの標本で95%信頼区間を算出した場合に，これらの信頼区間の95%以上が真の値を含んでいることを表す。

### 5-2. 母集団のデータが正規分布に従う場合

実際に，母集団が正規分布に従う場合の平均 $\mu$ の区間推定について考える。結論からいうと95%信頼区間は以下で与えられる。

$$95\%信頼区間 = 標本平均 \pm t_{0.025}^{n-1} \times 標準誤差の推定値$$

$$= \overline{X} \pm t_{0.025}^{n-1} \times \hat{\sigma}/\sqrt{n}$$

（$n$ は標本に含まれるデータの数）

右辺の $t_{0.025}^{n-1}$ は自由度 $n-1$ の t 分布の上側2.5%の確率点を表す。この値は標本に含まれるデータの数 $n$ によって変わるが，おおよそ2に近い値を取る。t 分布についてより詳細な理解をしたい方は，竹内ら（2003）の8章を参照されたい。式を見てわかる通り，平均 $\mu$ の95%信頼区間は標本平均を中心とした区間になる。95%信頼区間の幅が狭いほど，推定の精度が高いことになる。たとえば2つの95%信頼区間，[10, 20] と [14.9, 15.1] について，後者のほうが平均の範囲が絞れていることがわかるだろう。標準誤差が小さくなればなるほど，95%信頼区間の幅は狭くなる。特に，標本に含まれるデータの数 $n$ が多いほど標準誤差は小さくなるので，推定の精度が上がることを示している。

たとえば，それぞれ10例と10000例の患者が参加した2つの臨床試験から得られた血圧低下量の平均の対する点推定値があり，それら2つの値は異なっていたとする。その場合，どちらの点推定値がより信頼性が高いと考えられるだろうか。直感的に，より多くの患者のデータから算出された推定値が，より信頼性が高いと考えられるだろう。しかしながら点推定値にしてしまうと，1つの値のみが報告されてしまうので，そういった信頼性に関する情報は失われてしまっている。区間推定では信頼性についての情報も加味した値を算出していることになる。

### 5-3. 母集団のデータが二項分布に従う場合

今度は，4-2でも述べた薬が有効な患者さんの割合 $p$ の場合のように，母集団のデータが二項分布 $Bi(n, p)$ に従う場合の $p$ についての区間推定について考える。有効割合の95%信頼区間は以下で与えられる。

$$95\%\text{信頼区間} = \text{標本での有効割合} \pm 1.96 \times \text{標準誤差の推定値}$$
$$= \hat{p} \pm 1.96 \times \sqrt{\hat{p}(1-\hat{p})/n}$$

　この式は，母集団のデータが二項分布に従うときには，標本に含まれるデータが十分に多いときに $\hat{p}$ が正規分布に従うことを利用して導出されたものである。1.96 は標準正規分布の上側 2.5% の確率点を表す。$\sqrt{\hat{p}(1-\hat{p})/n}$ は二項分布に従うデータの $\hat{p}$ の標準誤差の推定値である。標本に含まれるデータの数が多くなると，標準誤差が小さくなり信頼区間の幅が狭くなることは，5-2 と同じである。

## 6. 実例

　実際に，30 人の患者さんが参加した降圧薬 A の臨床試験の場合を考える。30 人の患者さんの血圧低下量は以下の通りであった。

| -6 | -12 | -36 | -40 | -31 | -25 | -40 | -29 | -32 | -16 |
| -39 | -24 | -22 | -28 | -15 | -27 | -24 | -8 | -32 | -24 |
| -56 | -21 | -30 | -38 | -28 | -29 | -13 | -41 | -29 | -38 |

単位は mmHg

$i$ 番目の患者さんでの血圧低下量を $x_i (1 \leq i \leq 30)$ とする。この 30 人の患者さんでの標本平均 $\bar{x}$ と標本分散 $s^2$，標準偏差 $s$，標準誤差はそれぞれ

$$\bar{x} = \frac{\sum_{i=1}^{30} x_i}{30} = -26.9 \quad s^2 = \frac{\sum_{i=1}^{30}(x_i - \bar{x})^2}{30-1} = \frac{\sum_{i=1}^{30}(x_i - (-26.9))^2}{29} = 92.6$$

$$s = \sqrt{92.6} = 9.6, \quad \text{標準誤差} = \frac{\sqrt{92.6}}{\sqrt{30}} = 1.76$$

となる。平均の点推定値は標本平均で与えられるので -26.9 である。一方，平均の 95% 信頼区間は 5-2 より

$$95\%\text{信頼区間} = \text{標本平均} \pm t_{0.025}^{n-1} \times \text{標準誤差}$$

で与えられた。いま $n$ は 30 なので，$t_{0.025}^{n-1}$ は自由度 29 の t 分布の上側 2.5% の確率点を表し，その値は 2.04 となる。すなわち，95% 信頼区間は -26.9 ± 2.04 × 1.76 より [-30.5, -23.3] となる。

　一方，同じく高血圧の患者さんを対象に，降圧薬 A の効果を調べた 100 人の臨床試験があったとする。データは以下の通りだったとする。

| -45 | -26 | -29 | -27 | -25 | -24 | -30 | -19 | -48 | -13 |
|---|---|---|---|---|---|---|---|---|---|
| -32 | -26 | -27 | -21 | -40 | -17 | -45 | -20 | -17 | -40 |
| -26 | -31 | -36 | -29 | -16 | -28 | -24 | -27 | -30 | -11 |
| -22 | -28 | -22 | -18 | -28 | -16 | -21 | -39 | -35 | -38 |
| -17 | -41 | -9 | -32 | -21 | -57 | -44 | -37 | -32 | -46 |
| -34 | -20 | -20 | -25 | -27 | -42 | -27 | -32 | -23 | -29 |
| -24 | -34 | -32 | -26 | -24 | -45 | -28 | -24 | -30 | -25 |
| -31 | -31 | -15 | -18 | -36 | -33 | -9 | -20 | -14 | -31 |
| -25 | -44 | -16 | -34 | -22 | -16 | -14 | -27 | -3 | -36 |
| -30 | -29 | -49 | -26 | -15 | -38 | -34 | -13 | -46 | -20 |

単位は mmHg

このときの標本平均 $\bar{x}$ と標本分散 $s^2$，標本標準偏差 $s$，標準誤差はそれぞれ

$$\bar{x} = \frac{\sum_{i=1}^{100} x_i}{100} = -27.8 \quad s^2 = \frac{\sum_{i=1}^{100}(x_i - \bar{x})^2}{100-1} = \frac{\sum_{i=1}^{100}(x_i - (-27.8))^2}{99} = 101.9$$

$$s = \sqrt{101.9} = 10.1, \quad 標準誤差 = \frac{\sqrt{101.9}}{\sqrt{99}} = 1.01$$

となる。$n$ は 100 なので，$t_{0.025}^{n-1}$ は自由度 99 の t 分布の上側 2.5% の確率点を表し，その値は 1.98 となる。以上より 95% 信頼区間は -27.8 ± 1.98 × 1.01 より [-29.8, -25.8] となる。この 2 つのデータはいずれも，平均 -28，標準偏差 10 の正規分布から発生させたデータである。いずれの信頼区間も真の平均値 -28 を含んでいるが，95% 信頼区間は 30 例のデータよりも 100 例のデータのほうが狭くなっているのがわかる。すなわち，より標本に含まれるデータの数が多いほうが，推定の精度が高いことがわかる。

上の 2 つのデータを用いて，血圧の低下が 25mmHg 以上であった患者さんを有効，血圧の低下が 25mmHg 未満であった患者さんを無効だとする場合を考える。先の 30 例のデータでは

| 無効 | 無効 | 有効 | 有効 | 有効 | 有効 | 有効 | 有効 | 有効 | 無効 |
|---|---|---|---|---|---|---|---|---|---|
| 有効 | 無効 | 無効 | 有効 | 無効 | 有効 | 無効 | 無効 | 有効 | 無効 |
| 有効 | 無効 | 有効 | 有効 | 有効 | 有効 | 無効 | 有効 | 有効 | 有効 |

となる。4-2 より，有効割合の点推定値 $\hat{p}$ は標本での全患者さんに占める有効例数の割合で与えられるので

$$\hat{p} = \frac{19}{30} = 0.633$$

となる。このとき $\hat{p}$ の標準誤差は

$$\sqrt{\frac{\hat{p}(1-\hat{p})}{n}} = \sqrt{\left(\frac{19}{30} \times \frac{11}{30}\right)\bigg/30} = 0.088$$

となり，95%信頼区間は（標本での有効割合）± 1.96 ×標準誤差より [0.461, 0.806] となる。

一方，100例でのデータでも，同じように有効割合の点推定値 $\hat{p}$ は

$$\hat{p} = \frac{63}{100} = 0.63$$

となる。このときの標準誤差は

$$\sqrt{\frac{\hat{p}(1-\hat{p})}{n}} = \sqrt{\left(\frac{63}{100} \times \frac{37}{100}\right)\bigg/100} = 0.048$$

となり，95%信頼区間は（標本での有効割合）± 1.96 ×標準誤差より [0.535, 0.725] となる。

有効割合の推定においても連続値の場合と同様に，標本に含まれるデータの数が多いときのほうが信頼区間の幅が狭くなり，推定精度が良くなっていることがわかる。

■参考文献
1）東京大学教養学部統計学教室：統計学入門（基礎統計学），pp. 219-225，東京大学出版会，1991
2）Marcello Pagano, Kimberlee Gauvreau ; Principles of Biostatistics : Duxbury Pr, 2000〔竹内 正弘（訳）：生物統計学入門―ハーバード大学講義テキスト，pp. 155-159，丸善，2003〕

**問題と解答**

推定に関する以下の文章を読み，問いに記号で答えよ。

高血圧に対する新薬Aの効果を知りたいとする。高血圧の患者さんに対する薬剤の有効性を調べるには，①<u>高血圧の患者さん全員</u>に新薬Aを飲んでもらい，その患者さんでの血圧低下量の平均値を計算すれば良い。しかしながら，高血圧の患者さん全員に，新薬Aを飲んでもらうというのは非現実的である。そこで，新薬Aの効果を調べるために，②<u>一部の高血圧の患者さん</u>に新薬Aを飲んでもらい，高血圧の患者さん全員での効果を推定することになる。

たとえば，10人の患者さんに新薬Aを飲んでもらった際に，血圧が平均20mmHg下がっていたとする。そのとき，一部の患者さんで平均20mmHg下がっていたので，高血圧の

第1章 基礎編

患者さん全員でも平均20mmHg下がると推定する。このような推定の仕方を統計用語では イ という。

一方，別に100人の患者さんに新薬Aを飲んでもらった際には，血圧が平均15mmHg下がっており，10人の患者さんに投与したときと平均値が異なっていた。このように患者さんが異なることで，得られる平均値もばらつく。この平均値のばらつきを表すものを ロ という。

一般的にデータの数が多いほうが，推定の信頼性が高いと思われる。しかしながら，平均値で1つの値にまとめてしてしまうと，信頼性が表現できない。そこで ハ を行うことで，推定の信頼性を表現する。

ハ で用いられるものとして，代表的なものに95%信頼区間がある。

問1. 下線①，②は，統計用語で表すとそれぞれ何というか。適切な組み合わせをa～dのうちから，1つ選べ。

a) ① 完全集団 ② 推定集団　　b) ① 完全集団 ② 標本
c) ① 母集団　② 推定集団　　d) ① 母集団　② 標本

**解答　d**

本節2項を参照。


問2. イ，ロ，ハに入る単語として適切な組み合わせはどれか。1つ選べ。

|   | イ | ロ | ハ |
|---|---|---|---|
| a | 点推定 | 標準偏差 | 区間推定 |
| b | 点推定 | 標準誤差 | 区間推定 |
| c | 区間推定 | 標準偏差 | 点推定 |
| d | 区間推定 | 標準誤差 | 点推定 |

**解答　b**

本節4項，5項を参照。

**問 3.** 95% 信頼区間に関する記述の正誤について，正しい組み合わせはどれか。a～d のうちから 1 つ選べ。

イ．無作為抽出を繰り返し行って計算したとき，100 回に 95 回以上は母平均の値を含んでいると判断する範囲である。
ロ．一般的には例数が増えると，標準誤差が小さくなり，信頼区間が狭くなる。
ハ．血圧のような連続値のデータと，有効率といった割合のデータでは，95% 信頼区間の計算式は異なる。

|   | イ | ロ | ハ |
|---|----|----|----|
| a | 正 | 正 | 正 |
| b | 正 | 誤 | 正 |
| c | 正 | 正 | 誤 |
| d | 誤 | 正 | 正 |

**解答　a**

本節 5 項を参照。

# 第1章●基礎編

# 4. 検定Ⅰ
### （統計学的検定とは）

**KEY WORD** 統計学的仮説検定，帰無仮説，対立仮説，有意水準，$P$値，両側検定，片側検定，検定統計量，検出力，標本サイズ

## 1. はじめに

　第1章「3. 推定」では，得られたデータから，私たちが知りたい値（たとえば降圧薬における血圧低下量の平均値）を推定する方法を学んだ。その中で，1つの値で推定する点推定，幅を持たせて推定する区間推定について学んだ。一方で，知りたい値について，データに基づいて判断を下したいことも多いであろう。たとえば臨床試験であれば，新薬の効果の有無について試験で集められたデータから判断を下すことが重要である。そういった判断をするための一つの手法として，**統計学的仮説検定**（statistical hypothesis testing）（以下，「検定」）がある。

　本節では，この検定についての一般的な流れを紹介する。

## 2. コイン投げ

　ここでは検定の考え方を学ぶため，コイン投げの例を挙げる。通常，コインを投げた場合，表と裏が出る確率は等しくそれぞれ1/2ずつである。しかし，歪んだコインや，意図的に何らかの加工がされたコインを投げる場合，表と裏の出る確率は1/2とは限らない。ここでは手持ちのコインについて，表が出る確率が1/2なのかを調べるために，実際にコインを10回投げて調べる場合を考える。10回投げた結果として表が9回出たとする。表が出る確率が1/2のコインであれば，10回投げたときに表が出る回数は5回程度になる可能性が高い。しかし，実際にコインを投げてみたときに表が出た回数は9回であり，5回よりもやや多い結果であった。このとき，「本当にこのコインは表が出る確率が1/2なのであろうか？」「このコインは表が出やすいコインなのではないか？」と疑問を持つであろう。そこで表が出る確率が1/2のコインを10回投げてみて，今回観測された9回も

しくはそれ以上表が出る確率を計算してみる。するとその確率は

$$\text{表が10回出る確率} \quad {}_{10}C_{10}\left(\frac{1}{2}\right)^{10} \approx 0.001$$

$$\text{表が9回出る確率} \quad {}_{10}C_{9}\left(\frac{1}{2}\right)^{9}\left(\frac{1}{2}\right)^{1} \approx 0.010$$

となり，1.1% 程度しかないことがわかる。

この結果の解釈には2つのものの考え方があるであろう。1つ目は，表が出る確率は 1/2 のコインだが，1.1% 程度の確率でしか起こらないことが偶然に起きたという考え方である。そして2つ目は，1.1% という極めて小さい確率でしか起こらないことが起きたということは，そもそも「表が出る確率が 1/2 のコインである」という前提が誤っているという考え方である。

さて，この場合どちらと考えるのが自然であろうか。おそらく 1.1% のことはめったに起きないので，後者と考えるほうが自然であろう。つまり，表が出る確率が 1/2 のコインだとするとめったに起きないことが起こったので，表が出る確率は 1/2 ではない，すなわち表が出やすいコインであると結論づけるのが自然である。この一連の考え方は，これから述べる検定の基本的な考え方として考えることができる。

## 3. 検定の流れ（図1）

先ほどのコイン投げの例をもとに，検定の流れを紹介する。私たちが主張したいことは「表が出やすいコインである」ことであった。そのために，「表が出る確率が 1/2 のコインである」と想定したもとで実際に表が出た回数，もしくはその回数を超えて表が出る確率を計算した。そしてその確率がかなり小さかったため，表が出る確率は 1/2 ではない，すなわち表が出やすいコインであると結論づけた。

実際の検定でも同じ流れで考えていく。まずデータを取る前に，どのような仮説を主張したいのかについて考える。その仮説を主張するために，まず主張したい仮説と逆の仮説，つまり否定したい仮説を考える。統計学の用語では主張したい仮説を**対立仮説**(alternative hypothesis)，否定したい仮説を**帰無仮説**（null hypothesis）と呼ぶ。そして帰無仮説のもとで，実際に得られたデータはどのくらいの確率で得られるのか計算する。このとき得られた確率を $P$ 値（$P$ value）と呼ぶ[1]。その確率（$P$ 値）が十分に低い場合，帰無仮説のもとではめったに起こらないデータである，すなわち帰無仮説が誤っていたとして考え，帰無仮説と逆の仮説である対立仮説が正しいと結論づける。

ここで，確率が十分に低い場合と述べたが，$P$ 値がどの程度小さいときにめったに起こらないデータと考えるのか，その基準は事前に決めておく必要がある。この基準を**有意水準**（significance level）と呼ぶ。事前に設定した有意水準よりも $P$ 値のほうが小さければ，

1. 帰無仮説と対立仮説（両側か片側か）の設定
2. 有意水準の設定　　　　　　　　　　　事前

3. $P$ 値の計算　　　　　　　　　　　　事後
4. 設定した有意水準と $P$ 値との比較
    - $P$ 値 < 有意水準の場合は，帰無仮説を棄却し，対立仮説を採択する
    - それ以外の場合は，帰無仮説を棄却せず，結論を保留する

図 1．検定の手順まとめ

帰無仮説は誤りであるとし，対立仮説が正しいと主張する。このように帰無仮説は誤りとすることを「**帰無仮説を棄却する**」といい，その結果として対立仮説が正しいと主張することを「**対立仮説を採択する**」という。

　帰無仮説が棄却できた場合には「有意」という表現が用いられることも多い。たとえばコイン投げの例では，「表が出る確率は 1/2 より有意に大きい」といった表現になる。では，$P$ 値が有意水準よりも大きかった場合はどうなるのだろうか。この場合は，帰無仮説下でめったに起こらないデータとはいえないので，帰無仮説を棄却することはできず，結論は保留される。ただしこの場合，帰無仮説が正しい場合には実際に得られたデータは観測され得ることを述べているだけであり，**帰無仮説が正しいという結論になるわけではない**ことに注意が必要である。

　検定の流れを具体的に先ほどのコイン投げの例にあてはめて考えてみる。主張したい仮説（対立仮説）は「表が出やすいコインである」である。一方，否定したい仮説（帰無仮説）は「表が出る確率が 1/2 のコインである」である。そして帰無仮説，すなわち「表が出る確率が 1/2 のコインである」と想定したもとで実際に得られたデータ，すなわち 9 回以上表が出たことがどのくらいの確率で得られるのかを計算する。この結果得られた確率は 1.1% であり，これが $P$ 値に該当する。そしてこの $P$ 値が事前に設定していた有意水準よりも大きいか小さいかを見ることになる。たとえば有意水準を 2.5% とした場合では $P$ 値は有意水準より小さいので，帰無仮説「表が出る確率は 1/2 のコインである」を棄却し，対立仮説「表が出やすいコインである」を採択することになる。結論を「表が出る確率は 1/2 よりも有意に大きかった」と表現することも可能である。一方，有意水準を 1% とした場合には，帰無仮説「表が出る確率は 1/2 のコインである」は棄却されず，結論は保留される。繰り返しになるが，帰無仮説「表が出る確率は 1/2 のコインである」が正しい**とはならない**ことに注意が必要である。

## 4. 片側検定と両側検定

　コイン投げの例では主張したい仮説は「表が出やすいコインである」であった。しかし実際には，単に表が出る確率が 1/2 であるか否かに着目したい場合もあるだろう。つまり，前項では表が出る確率が 1/2 よりも大きいことについてのみ調べたが，表が出る確率が 1/2 より小さいことも含めて主張したい場合も多いだろう。このとき，主張したい仮説（対立仮説）は「表が出る確率が 1/2 ではないコインである」となる。この場合も，主張したい仮説（対立仮説）と否定したい仮説（帰無仮説）が設定できれば，次は $P$ 値を計算する。しかし，この場合は前項の場合と $P$ 値の計算方法が変わる。先ほどは，「表が出やすいコインである」ことを主張したかったため，帰無仮説下で実際のデータ（9 回）以上表が出る確率のみを計算していた。一方，今回は「表が出る確率が 1/2 ではないコインである」ことを主張したいため，帰無仮説下で実際のデータと同程度以上に表が多く，または少なく出る確率を計算することになる。ここでいう「実際のデータと同程度以上に表が多く，または少なく出る確率」とは，「帰無仮説が正しければ 5 回程度しか表が出ないはずなのに，実際のデータは 10 回中表が出た回数は 9 回であった。それほどまでに表が多く出たり，少なく出たりする場合が起こる確率」のことを指す。すなわち，10 回中 9 回以上表が出る確率 + 10 回中 1 回以下しか表が出ない確率を計算することになる。この確率を計算すると

$$\text{表が1回出る確率} \qquad {}_{10}C_1 \left(\frac{1}{2}\right)^9 \left(\frac{1}{2}\right)^1 \approx 0.01$$

$$\text{表が0回出る確率} \qquad {}_{10}C_0 \left(\frac{1}{2}\right)^{10} \approx 0.001$$

となり，先の表が 9 回以上出る確率との和をとって 2.2% とわかる。すなわち $P$ 値は 0.022 である。

　前述の「3. 検定の流れ」では，対立仮説に「表が出やすいコインである」と特定の方向についてのみ指定したものを設定していた。一方，本項で紹介した対立仮説は，表の出る確率は 1/2 でない，すなわち表が出やすいだけでなく，裏が出やすいことも含めた，特に方向については指定しないものを用いていた。前者を片側対立仮説，後者を両側対立仮説と呼ぶ。また，対立仮説に片側対立仮説を用いた検定を**片側検定**（one-sided test），両側対立仮説を用いた検定を**両側検定**（two-sided test）と呼ぶ。両側検定の場合には，有意水準は 5%（0.05），片側検定の場合には有意水準は 2.5%（0.025）が慣例的に用いられることが多い。先ほどのコイン投げの例で片側検定を考える場合，有意水準に 0.025 を用いると 10 回中表が 9 回出たときには $P$ 値が 1.1%（0.011）で帰無仮説を棄却することができる。もしも 10 回中表が 8 回出た場合には

$$\text{表が8回出る確率} \qquad {}_{10}C_8 \left(\frac{1}{2}\right)^9 \left(\frac{1}{2}\right)^1 \approx 0.117$$

となるので，帰無仮説が棄却できないことがわかる。つまり，10回中表が出た回数が9回以上か，9回未満かで「表が出る確率が1/2のコインである」という帰無仮説を棄却できるか否かが変わることになる。

## 5. 検定方法

本節以降でも紹介するように，検定の方法にはデータのタイプや検定したい仮説のタイプによってさまざまな検定方法が提案されている。コイン投げのように$P$値を直接求めるものもあるが，検定統計量という値を計算し，そこから$P$値を求めるものが一般的である。その計算の方法は，検定の種類によって異なるものの，帰無仮説と対立仮説の設定，$P$値の計算，有意水準との比較，結果の解釈という基本的な流れは前項で紹介したものと同じである。

## 6. 2つの過誤と検出力，標本サイズ

前述の「2. コイン投げ」で述べたコイン投げの結果を用いて，片側検定を行った場合を再度考えてみよう。検定では，「表が出る確率は1/2のコインである」と考え，実際に表が出た回数，もしくはそれを超える回数だけ表が出る確率を計算した。その確率が1.1%と小さかったため，帰無仮説が正しいとすればめったに起こらないデータと考え，帰無仮説が誤っていると結論づけた。一方で，表が出る確率が本当に1/2のコインであっても，実際のデータとなる可能性が1.1%の確率で起こり得ることを示している。この場合，表が出る確率が本当に1/2のコインであるにもかかわらず，表が出やすいコインであると誤って結論づけることになる。このように帰無仮説が正しいにもかかわらず，帰無仮説を誤って棄却してしまうことを統計学の用語で**第一種の過誤 (type I error)** または **α過誤 (α error)** と呼ぶ。有意水準を設定することは，この第一種の過誤が発生する確率を一定以下に抑えることを目的としており，$\alpha=0.05$などの表記で検定の有意水準を表すこともある（この場合，有意水準0.05であることを表す）。

一方，本当は対立仮説が正しいにもかかわらず，帰無仮説を棄却できない可能性も存在する。コイン投げ結果を用いて片側検定を行った場合を再度考えてみよう。このとき，コイン投げを行って10回中9回以上表が出た場合は，帰無仮説が棄却できた。

では，対立仮説が正しいもとで10回コインを投げて，表が9回以上出る確率はどの程度あるのであろうか。たとえば，表が出る確率が4/5のコインのときに，10回コイン投げて表が9回以上出る確率は

$$\text{表が10回出る確率} \quad {}_{10}C_{10}\left(\frac{4}{5}\right)^{10} \approx 0.107$$

# 第1章 基礎編

$$\text{表が9回出る確率} \quad {}_{10}C_9\left(\frac{4}{5}\right)^9\left(\frac{1}{5}\right)^1 \approx 0.268$$

であり，37.5% 程度の確率でしか帰無仮説が棄却できないことがわかる。すなわち，残りの 62.5% の確率で，対立仮説が正しいにもかかわらず帰無仮説が棄却できないことがわかる。このように，対立仮説が正しいにもかかわらず，帰無仮説を棄却できない誤りを**第二種の過誤**（type II error）または**β過誤**（β error）と呼ぶ。また，対立仮説が正しいときに，正しく帰無仮説を棄却できる確率を**検出力**（statistical power）と呼ぶ。つまり

$$（検出力）=100\% - （第二種の過誤が起こる確率）$$

で表される。先ほどの表が出る確率が 4/5 のコインでは，検出力は 37.5% とかなり低いことがわかる。つまり，コインを 10 回投げるだけでは自分が主張したい対立仮説が正しいにもかかわらず，62.5% の確率で β エラーが起こり，対立仮説を主張できないことになる。では，コインを 10 回ではなく 20 回に増やした場合にはどうだろうか。有意水準が片側 0.025 の場合に，帰無仮説を棄却できる条件は

$$\text{表が15回以上出る確率} \quad \sum_{k=15}^{20} {}_{20}C_k\left(\frac{1}{2}\right)^{20} \approx 0.021 < 0.025$$

$$\text{表が14回以上出る確率} \quad \sum_{k=14}^{20} {}_{20}C_k\left(\frac{1}{2}\right)^{20} \approx 0.057 > 0.025$$

より，表が 15 回以上出ることである。では，表が出る確率が 4/5 のコインで検出力を計算するには，表が出る確率が 4/5 との対立仮説の下で表が 15 回以上出る確率を計算すればよい。その確率は

$$\text{表が15回以上出る確率} \quad \sum_{k=15}^{20} {}_{20}C_k\left(\frac{4}{5}\right)^k\left(\frac{1}{5}\right)^{20-k} \approx 0.805$$

となり，試行回数が 10 回から 20 回に増やすことで検出力が 39.6% から 80.5% と大きくなったことがわかる。このように，対立仮説が正しいときにはデータの数が多くなると，帰無仮説を棄却する確率が上がる。

　ここまで述べてきたように，実験や臨床試験を行った場合には，検定を行って帰無仮説を棄却することで，自分の仮説を主張することが多い。その場合，実際に用いる標本の大きさ（**標本サイズ**；sample size）を適切に設定することが必要である。臨床試験であれば試験に参加する患者さんの数となる。標本サイズが少ない状況で試験を行った場合，検出力が小さくなり，せっかくの実験や臨床試験が無駄になってしまう可能性が高くなる。一方，標本サイズが不必要に多い状況で臨床試験を行った場合は，コストや時間が多くかかってしまうことが問題となる。

標本サイズは，検定の方法，有意水準，検出力，そして実際のデータがどのような確率分布を取るか，そのパラメータの値で決まる（コイン投げの例であれば，コインを投げて表が出る真の確率）。パラメータの値はわからないことが多いので，この値は見積もることになる。コイン投げの例であれば，表が出る確率が4/5のコインであることがわかっているとき，わざわざ表が出る確率が1/2かどうかを調べる必要はないであろう。実際には表が出る確率がわかっていないため，どの程度表が出るコインなのかを予想した上で，標本サイズを決定する。有意水準を大きくする，または検出力を小さくした場合に標本サイズは少なくなる。一方，有意水準を小さくする，または検出力を大きくした場合に標本サイズは多くなる。もちろん，想定したパラメータの値によっても標本サイズは変わる。標本サイズの計算方法についての詳細は本書では記さないが，勉強したい方は竹内（2003）または丹後（2003）を参考にされたい。

■参考文献
1）矢船明史：まずは基礎だけ 臨床統計，pp.32-36，丸善，2003
2）Marcello Pagano, Kimberlee Gauvreau ; Principles of Biostatistics : Duxbury Pr, 2000〔竹内 正弘（訳）：生物統計学入門 —ハーバード大学講義テキスト，pp.176-178，丸善，2003〕
3）丹後俊郎：無作為化比較試験，pp.43-63，朝倉書店，2003

### 問題と解答

**問1.** 仮説検定の考え方として，適切なものは以下のどれか。a〜dのうちから1つ選べ。

a）主張したい仮説のもとで，観測されたデータが，どれくらいの確率で起こるかを計算する。
b）観測されたデータが，主張したくない仮説のもとで，どのくらいの確率で起こるかを計算する。その確率が基準よりも低ければ，主張したくない仮説が間違っているとして，主張したい仮説を採択する。
c）観測されたデータが，主張したい仮説よりも良い値を取っていれば良い。
d）観測されたデータが，主張したい仮説と，主張したくない仮説のどちらに近いかを比較する。

**解答　b**

本節3項を参照。

問 2. 薬剤 A と薬剤 B の効果の差について，仮説検定を行ったところ，P 値は 0.04 であった。一方，薬剤 A と薬剤 C の効果の差について仮説検定を行ったところ，P 値は 0.10 であった。有意水準を 0.05 とした場合，この結果の解釈として最も適切な組み合わせを a〜d のうちから 1 つ選べ。

a) 薬剤 A と薬剤 B は効果に有意な差があり，薬剤 A と薬剤 C の効果は同じである。
b) 薬剤 A と薬剤 B は効果に有意な差があり，薬剤 A と薬剤 C の効果に差があるとはいえない。
c) 薬剤 A と薬剤 C は効果に有意な差があり，薬剤 A と薬剤 B の効果は同じである。
d) 薬剤 A と薬剤 C は効果に有意な差があり，薬剤 A と薬剤 B の効果に差があるとはいえない。

解答　b

本節 3 項を参照。

問 3. 仮説検定に関する記述の正誤について，正しいものはどちらか。

a) 仮説検定において，主張したくないことが真実にもかかわらず，主張したいことが真実と誤ることを第一種の過誤（$\alpha$ エラー）という。
b) 少数のデータのほうが，差を検出しやすい。

解答　a

本節 6 項を参照。

## 第1章●基礎編

# 5. 検定Ⅱ
〔Studentの $t$ 検定（対応のない $t$ 検定），対応のある $t$ 検定〕

**KEY WORD** 対応のあるデータ，対応のないデータ，パラメトリック検定，ノンパラメトリック検定，Studentの $t$ 検定，対応のある $t$ 検定

## 1. はじめに

　前節までに推定，および検定の基本的な考え方を取り上げてきた。本節では2つの検定〔Studentの $t$ 検定（対応のない $t$ 検定），対応のある $t$ 検定〕を紹介する。

　血圧を下げる効果が期待される降圧薬として開発中の薬剤Aを考える。この薬剤Aが高血圧の患者に対して，血圧を下げる効果があることを示すためにはどうしたら良いだろうか。たとえば，薬効のないプラセボを用いて，高血圧患者を薬剤Aとプラセボに無作為に割り付ける臨床試験を実施して，投与前から所与の投与後の時間までの血圧の変化量の平均値を薬剤Aとプラセボの2群間で比較することが考えられる。血圧の変化量の平均値が2群間で異なれば，薬剤Aは効果を有すると考えられる。臨床試験では有効性の評価項目について，処置間の平均値を比較することで処置の有効性を示すことが少なくない。

　本節では，2群間の平均値の比較を行うための統計的方法について述べる。

## 2. Studentの $t$ 検定（対応のない $t$ 検定）

### 2-1. 対応のないデータ

　先述のように，薬剤Aが降圧効果を有するか否かを調べるために，プラセボを対照にして，薬剤Aとプラセボを別々の患者に無作為に割り付ける臨床試験を実施して，投与後の血圧値を比較する状況を考える。薬剤Aとプラセボにそれぞれ7人，計14人の患者が割り付けられ，各患者から投与後の血圧が**表1**のように得られたとする。

　表1のデータは各患者において，投与後の血圧が1個だけ観測されている。このようなデータは，後述の1人の患者から複数個の血圧が観測されていることを区別する意味で，**対応のないデータ**と呼ばれることがある。薬剤Aの降圧効果を示すために，投与後の血

表1. 血圧値（mmHg）のデータ（対応のないデータ）

| 患者番号 | 薬剤A | 患者番号 | プラセボ |
|---|---|---|---|
| 1-1 | 111 | 2-1 | 115 |
| 1-2 | 114 | 2-2 | 109 |
| 1-3 | 120 | 2-3 | 121 |
| 1-4 | 110 | 2-4 | 122 |
| 1-5 | 119 | 2-5 | 127 |
| 1-6 | 112 | 2-6 | 123 |
| 1-7 | 109 | 2-7 | 119 |

圧の平均を薬剤Aとプラセボとの間で比較することを考える。

　ここで，投与後の血圧値は連続値であり，一般に正規分布を仮定できるとすれば，2薬剤間で平均値を比較するには$t$検定を利用できる。この検定は提案者のペンネームにちなんで**Studentの$t$検定**，あるいは対応のないデータに適用することを明確にするために**対応のない$t$検定**と呼ばれることがある。

## 2-2. Studentの$t$検定（対応のない$t$検定）

　表1のデータに対して関心のあることは，薬剤Aとプラセボを投与したあとの血圧値の平均値には差があるのか否かである。このことをStudentの$t$検定で確かめる手順を紹介する。

　なお，Studentの$t$検定では，母集団において薬剤A群とプラセボ群における血圧値のデータがそれぞれ正規分布に従うことを仮定する。また，これらの分布の分散が等しいことの仮定も必要である。もしも分散が群間で等しくない場合は，Welchの$t$検定と呼ばれる検定を用いる[1,2]。

2-2-1. 帰無仮説と対立仮説の設定
(1) 帰無仮説
　母集団において，薬剤Aとプラセボを投与したあとの血圧値の平均値には差がない（差はゼロである）。
(2) 対立仮説
　対立仮説として以下のいずれかを選択する必要があるが，ここでは両側検定を考える。
　両側検定の場合：母集団において，薬剤Aとプラセボを投与したあとの血圧値の平均値の差がある（差はゼロではない）。
　片側検定の場合：母集団において，薬剤Aとプラセボを投与したあとの血圧値の平均値の差はゼロより大きい（またはゼロより小さい）。

## 2-2-2. 有意水準αの設定

$\alpha = 0.05$ とする。

## 2-2-3. 検定統計量 $T$ と $P$ 値の計算

得られたデータから Student の $t$ 検定の検定統計量 $T$ を計算する。$T$ は，薬剤 A とプラセボに対する血圧値の平均値の差を，薬剤 A とプラセボに対する血圧値の平均値の差の標準誤差で割ることによって求められる値である。すなわち，以下の式である。

$$T = \frac{\overline{X}_A - \overline{X}_P}{S}$$

ここで，$\overline{X}_A, \overline{X}_P$ をそれぞれ薬剤 A とプラセボの平均値とする。また，分母の $S$ は，薬剤 A とプラセボに対する血圧値の平均値の差の標準誤差であり，次の式で表現される。

$$S = \sqrt{\left(\frac{1}{n_A} + \frac{1}{n_P}\right)\left(\frac{(n_A - 1)SD_A^2 + (n_P - 1)SD_P^2}{n_A + n_P - 2}\right)}$$

ここで，$SD_A, SD_P$ はそれぞれ薬剤 A とプラセボの標準偏差，$n_A, n_P$ はそれぞれ薬剤 A とプラセボの例数である。表1のデータに基づいて検定統計量を計算すると，$\overline{X}_A - \overline{X}_P = 113.6 - 119.4 = -5.9$ であり，$SD_A = 4.4$, $SD_P = 5.9$，$n_A = n_P = 7$ であることを用いると，$S = 2.8$ が得られる。

これより検定統計量 $T = -5.9 / 2.8 = -2.1$ と計算される。母集団において，薬剤 A とプラセボを投与したあとの血圧値の平均値には差がないとする帰無仮説のもとで，検定統計量 $T$ は，自由度 $n_A + n_P - 2$ の $t$ 分布に従うことが知られている[1]。今回のデータでは，検定統計量 $T$ は自由度 12(=7 + 7 - 2) の $t$ 分布に従い，その分布は図1のようになる。いまは両側検定を行うため，$P$ 値は帰無仮説のもとで，検定統計量の絶対値より大きな値が得られる確率である。以下の図1における①と②の和が $P$ 値に該当する。計算すると，$P=0.0558$ が得られる。

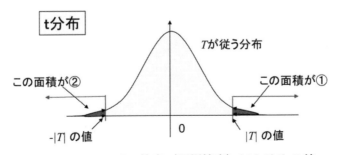

図1. Student の $t$ 検定（両側検定）における $P$ 値

2-2-4. 設定した有意水準αとP値との比較

$P$=0.0558>0.05 より，帰無仮説を棄却できず，結論を保留することになる．したがって，Student の $t$ 検定を行った結果，薬剤 A とプラセボを投与したあとの血圧値の平均値には差があるとは言い切れないという結果が得られた．

## 3. 対応のある $t$ 検定

### 3-1. 対応のあるデータ

前項では，薬剤 A とプラセボの降圧効果の比較のため，薬剤 A とプラセボを別々の患者に投与する臨床試験を考えてきた．

本項では，同じ患者に薬剤 A とプラセボの両方を投与する臨床試験を実施して，各々を投与したあとの血圧値を比較することによって降圧効果を評価する臨床試験を考える．この臨床試験では，薬剤 A を投与して，投与後の血圧値を測定し，その後いったん休薬して，血圧値が通常値に戻ったあと，同じ患者に対してプラセボを投与して投与後の血圧値を測定するものとする[注]．ここに，薬剤 A を投与したあとに休薬をするのは，薬剤 A を投与したことがプラセボでの血圧に影響を及ぼすことを防ぐためである．

このようにして 7 人の患者に対して，薬剤 A とプラセボをそれぞれ投与して得られた血圧値データの例を**表 2** に示す．

表 2 に示した薬剤 A とプラセボを投与して得られた投与後の血圧値は，同じ患者から得られた値である．同じ患者から得られた値は 1 つの組のデータとして用いるべきである．つまり，薬剤 A とプラセボ投与後のそれぞれに対する血圧値の差を用いて，薬剤 A とプ

**表 2. 血圧値（mmHg）のデータ（対応のあるデータ）**

| 患者番号 | 薬剤 A | プラセボ |
|---|---|---|
| 1 | 111 | 115 |
| 2 | 114 | 109 |
| 3 | 120 | 121 |
| 4 | 110 | 122 |
| 5 | 119 | 127 |
| 6 | 112 | 123 |
| 7 | 109 | 119 |

注：また，プラセボを先に投与して薬剤 A を投与するということも可能であり，投与の順番が影響を及ぼすと考えられる場合には，プラセボから薬剤 A，薬剤 A からプラセボの両方の患者グループを設けた臨床試験も可能である．このような臨床試験はクロスオーバー試験と呼ばれる[1]．

ラセボ間の違いを評価すべきである。なぜなら，臨床試験の前には血圧値の高い患者もいれば，そうでない患者もいるため，試験前の血圧値に依らず，薬剤の効果は患者自身の薬剤Aとプラセボの投与によって得られた差として表現されるためである。そして，患者ごとに血圧値の差を取ることによって，薬剤Aとプラセボに共通な，血圧の変動に影響を与える患者自身の特徴の部分が除去できると考えられるためである。

このように同じ患者から複数個のデータが得られている場合に，それらのデータは同一患者から取られたことを示すために**対応のあるデータ**と呼ばれる。薬剤Aとプラセボを同じ患者に投与して得られるデータだけでなく，たとえば投与前後で血圧値を比較するような場合において，投与前と投与後のデータも対応のあるデータと呼ばれる。

ここで，薬剤Aとプラセボの投与後の血圧値の差は連続値であり，一般的には正規分布を仮定することが多い。対応のあるデータに対して，正規分布を仮定した検定は**対応のある$t$検定**と呼ばれる。

## 3-2. 対応のある$t$検定

表2のデータを例に用いて対応のある$t$検定の手順を紹介する。このデータに対して興味のあることは，薬剤Aとプラセボを投与したあとの血圧値の平均値に差があるのか否かである。このことに関して検定を行う。

対応のある$t$検定は仮定として，母集団における薬剤Aとプラセボの差の分布が正規分布に従うことを必要とする。前項と同様に紹介する。

### 3-2-1. 帰無仮説と対立仮説の設定
（1）帰無仮説

母集団において，薬剤Aとプラセボを投与したあとの血圧値の平均値には差がない（差はゼロである）。

（2）対立仮説

対立仮説として以下のいずれかを選択する必要があるが，ここでは両側検定を考える。

両側検定の場合：母集団において，薬剤Aとプラセボを投与したあとの血圧値の平均値の差がゼロではない。

片側検定の場合：母集団において，薬剤Aとプラセボを投与したあとの血圧値の平均値の差はゼロより大きい（またはゼロより小さい）。

### 3-2-2. 有意水準$\alpha$の設定

$\alpha = 0.05$とする。

### 3-2-3. 検定統計量 $T$ と $P$ 値の計算

得られたデータから対応のある $t$ 検定の検定統計量 $T$ を計算する。$T$ は，薬剤 A とプラセボを投与したあとの血圧値の差の平均値を，薬剤 A とプラセボを投与したあとの血圧値の差の平均値の標準誤差で割ることによって求められる値である。すなわち，

$$T = \frac{d}{S}$$

である。ここで，$d = \frac{1}{n}\sum_{i=1}^{n} d_i$ であり，$d_i = X_{A_i} - X_{P_i}$，$X_{A_i}$ と $X_{P_i}$ はそれぞれ $i$ 番目の患者における薬剤 A とプラセボの投与したあとの血圧値を表し，$n$ は例数を表す。また，分母の $S$ は薬剤 A とプラセボを投与したあとの血圧値の差の平均値のバラツキであり，次の式で表現される。

$$S = \frac{\sqrt{\frac{1}{n-1}\sum_{i=1}^{n}(d_i - d)^2}}{\sqrt{n}}$$

表2のデータに基づいて検定統計量を計算する。表3より，$n=7$，$D=-5.9$ であり，$S=2.3$ が得られる。これより検定統計量 $T=-5.9/2.3=-2.5$ と計算される。

薬剤 A とプラセボを投与したあとの血圧値の平均値には差がないとする帰無仮説のもとで，検定統計量 $T$ は，自由度 $n-1$ の $t$ 分布に従うことが知られている[1]。今回のデータでは，自由度 6(=7–1) の $t$ 分布に従い，検定統計量 $T$ が従う分布は図2のようになる。いまは両側検定を行うため，$P$ 値は帰無仮説のもとで，検定統計量の絶対値より大きな値が得られる確率のことである。図2における①と②の和が値に該当する。計算すると，$P=0.0466$ が得られる。

表3. 対応のあるデータに対する薬剤 A とプラセボの差

| 患者番号 | 薬剤 A | プラセボ | 薬剤 A−プラセボ（$D_i$） |
|---|---|---|---|
| 1 | 111 | 115 | -4 |
| 2 | 114 | 109 | 5 |
| 3 | 120 | 121 | -1 |
| 4 | 110 | 122 | -12 |
| 5 | 119 | 127 | -8 |
| 6 | 112 | 123 | -11 |
| 7 | 109 | 119 | -10 |
| 平均値 | 113.6 | 119.4 | -5.9 |

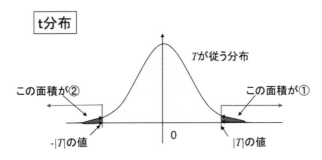

図2. 対応のある $t$ 検定（両側検定）における $P$ 値

3-2-4. 設定した有意水準 $\alpha$ と $P$ 値との比較

$P=0.0466<0.05$ より，帰無仮説を棄却して，対立仮説を採択する。したがって，対応のある $t$ 検定を行った結果，薬剤 A とプラセボを投与したあとの血圧値の平均値に対する差はゼロではないという対立仮説が採択された。

ここまで，Student の $t$ 検定と対応のある $t$ 検定の手順をそれぞれ表1と表2のデータを用いて紹介した。表1と表2の血圧値の数値自体は同じであることに注意したい。同じ14個の数値のデータを用いて Student の $t$ 検定では有意差が認められず，対応のある $t$ 検定では有意差が認められた。14個のデータの値が全く同じであるにもかかわらず，適用する検定が変わると検定結果が変わってくる。そのため，データに応じて適切な検定を選択しないと，誤った結論を導く可能性がある。

# 4. 用語の説明

本節では，Student の $t$ 検定と対応のある $t$ 検定を紹介した。たとえば Student の $t$ 検定では，薬剤 A とプラセボ投与後の血圧値に対して正規分布を仮定して検定を実施した。また，対応のある $t$ 検定では，薬剤 A とプラセボ投与後の血圧値の差に対して，正規分布を仮定した。Student の $t$ 検定と対応のある $t$ 検定のように，たとえば正規分布といった特定の分布を仮定して，検定を行う方法を**パラメトリック検定**と呼ぶ。一方で，特定の分布を仮定しない検定方法がある。このような検定方法を**ノンパラメトリック検定**と呼ばれる。これについては次節「6. 検定Ⅲ」で紹介する。

Student の $t$ 検定と対応のある $t$ 検定では，データが正規分布に従うとする仮定を置いた手法であった。一般には，母集団の分布が正規分布に従うか否かは不明であることが多い。そのため，得られたデータに基づいて正規分布を仮定できるか否かを検討することが通常である。その検討にあたっては，いくつかの方法が提案されているが，ここではデータのヒストグラムに基づく簡便な検討方法を紹介する。例として35人の患者から薬剤 A を投

与したあとの血圧値が**表4**のように得られたとする。この35個のデータに対して，血圧値を5で区切ってヒストグラムを描くと**図3**が得られる。ヒストグラムはおおよそ平均を中心にして対照であり，正規分布の確率密度関数に近いとみなすことは可能であり，血圧値の母集団の分布は正規分布であると考えても問題ないと思われる。

表4. 35例の血圧値（mmHg）の標本データ

| 124 | 130 | 110 | 120 | 108 | 124 | 110 | 112 | 112 | 115 |
|---|---|---|---|---|---|---|---|---|---|
| 121 | 126 | 115 | 115 | 115 | 124 | 120 | 126 | 122 | 120 |
| 118 | 126 | 126 | 115 | 105 | 107 | 115 | 123 | 117 | 120 |
| 118 | 119 | 126 | 121 | 115 | | | | | |

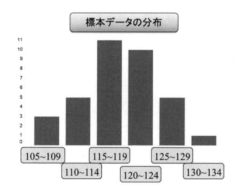

図3. 血圧値の標本データに対するヒストグラム

■参考文献
1）Armitage P, Berry G：医学研究のための統計的方法，サイエンティスト社，2001
2）松原望：入門統計解析（医学・自然科学編），東京図書，2007
3）古川俊之，丹後俊郎：新版 医学への統計学，朝倉書店，1993

## 問題と解答

7人の患者に，薬剤Aとプラセボを投与して，以下の血圧値（mmHg）が得られた。問題1〜問題3に答えよ。

| 患者番号 | 薬剤A | プラセボ | 薬剤A−プラセボ |
|---|---|---|---|
| 1 | 110 | 121 | -11 |
| 2 | 112 | 126 | -14 |
| 3 | 109 | 125 | -16 |
| 4 | 103 | 119 | -16 |
| 5 | 105 | 103 | 2 |
| 6 | 112 | 102 | 10 |
| 7 | 114 | 125 | -11 |

**問題1.** 薬剤Aとプラセボ投与後の血圧値の差（薬剤A−プラセボ）に対する平均値で正しいのはどれか。1つ選べ。

a) -8
b) -9
c) -10
d) -11
e) -12

**解答　a**

$((-11)+(-14)+\cdots+(-11))/7=-8$

**問題2.** 薬剤Aとプラセボ投与後の血圧値の差に対する標準誤差で正しいのはどれか。1つ選べ。

a) 1.8
b) 2.8
c) 3.8
d) 4.8
e) 5.8

解答　c

$$S = \frac{\sqrt{\frac{1}{7-1}\left\{((-11)-(-8))^2 + ((-14)-(-8))^2 \ldots + ((-11)-(-8))^2\right\}}}{\sqrt{7}} = 3.8$$

問題 3．対応のある $t$ 検定の検定統計量の値として正しいのはどれか．1 つ選べ．

a）-1.11
b）-2.11
c）-3.11
d）-4.11
e）-5.11

解答　b

$$T = \frac{-8}{3.8} = -2.11$$

# 第1章 ● 基礎編

## 6. 検定Ⅲ
（Wilcoxon 順位和検定，Wilcoxon 符号付き順位検定，カイ二乗検定）

**KEY WORD** パラメトリック検定，ノンパラメトリック検定，Wilcoxon 順位和検定，Wilcoxon 符号付き順位検定，分割表，カイ二乗検定

## 1. はじめに

前節（5. 検定Ⅱ）ではパラメトリック検定である，Student の $t$ 検定（対応のない $t$ 検定）と対応のある $t$ 検定を紹介した．本節では，Wilcoxon 順位和検定，Wilcoxon 符号付き順位検定，カイ二乗検定を紹介する．

なお，Wilcoxon 順位和検定と Wilcoxon 符号付き順位検定の理論の詳細については本書の範囲を越えるため，この2つの検定については考え方と手順のみを説明する．

前節と同じく，薬剤 A とプラセボの比較，つまり2群比較に焦点を絞る．

どのような臨床試験で，どのようなデータを取って，どのように薬剤 A とプラセボの比較を行えば良いかについて考える．

## 2. Wilcoxon 順位和検定

前節と同じく，薬剤 A とプラセボを別々の患者に投与する臨床試験を実施して，投与後の血圧値を比較することを考える．このようにして得られた14人の対応のないデータを**表1**に示す．

表1のデータは，前節の表1のデータと似ているが，違いは患者番号2のデータが異なる点である．薬剤 A の患者番号 1-2 のデータが大きく外れた値を取っているため，薬剤 A とプラセボの血圧値の分布がそれぞれ正規分布に従い，分散が等しいという仮定について疑問が残る．そこで，ここではノンパラメトリック検定である，**Wilcoxon 順位和検定**を用いて薬剤間の比較を行うことを考える．

Wilcoxon 順位和検定は，データの順位に基づく方法である．Wilcoxon 順位和検定は，両薬剤の患者からのデータを併合してデータの値が小さい順に順位を付与する．これらの

第1章 基礎編

表1. 血圧値（mmHg）のデータ（対応のないデータ）

| 患者番号 | 薬剤A | 患者番号 | プラセボ |
| --- | --- | --- | --- |
| 1-1 | 111 | 2-1 | 115 |
| 1-2 | 154 | 2-2 | 109 |
| 1-3 | 120 | 2-3 | 121 |
| 1-4 | 110 | 2-4 | 122 |
| 1-5 | 119 | 2-5 | 127 |
| 1-6 | 112 | 2-6 | 123 |
| 1-7 | 109 | 2-7 | 119 |

表2. 14例のデータに対する順位情報

| 値 | 109 | 109 | 110 | 111 | 112 | 115 | 119 | 119 | 120 | 121 | 122 | 123 | 127 | 154 |
| --- | --- | --- | --- | --- | --- | --- | --- | --- | --- | --- | --- | --- | --- | --- |
| 順位 | 1.5 | 1.5 | 3 | 4 | 5 | 6 | 7.5 | 7.5 | 9 | 10 | 11 | 12 | 13 | 14 |
| 薬剤 | A | P | A | A | A | P | A | P | A | P | P | P | P | A |

　順位を薬剤Aとプラセボでそれぞれ足し合わせた場合，薬剤Aとプラセボの効果が等しければ，順位の和は薬剤Aとプラセボで近い値になり，そうでなければ大きく異なると考えられる。

　表1のデータに対する順位情報を**表2**に示す。なお，順位が等しい場合は，その平均値を順位とする。いま，1位，2位の値は109で等しいため，この値に対しては，その順位平均値として，1.5が割り当てられる。薬剤Aに対する順位は1.5，3，4，5，7.5，9，14であり，これらの順位和は44である。一方，プラセボに対する順位は1.5，6，7.5，10，11，12，13であり，これらの順位和は61である。

　帰無仮説のもとであれば（薬剤Aとプラセボの効果が等しいもとであれば），薬剤Aとプラセボの順位和は同様の値を取るはずである。この順位情報の違いが有意であるかどうかを検定する手法が，Wilcoxon順位和検定である。順位情報によって決まる検定統計量に基づき，薬剤Aとプラセボを投与したあとの血圧値の分布が等しいという帰無仮説に対して検定を行う。検定統計量の算出等の詳しい説明については，専門的な統計学の本を参照されたい[1-3]。

## 3. Wilcoxon符号付き順位検定

　次に，別のアイデアとして，同じ患者に薬剤Aとプラセボを投与する臨床試験を実施して，各々が投与された後の血圧値を比較することを考えよう。対応のあるデータとして，**表3**を考える。表3のデータは前節の表2のデータと似ているが，表2との違いは患者番号2のデータが異なる点である。前節で述べたように，このように大きく外れた値を持

表3. 血圧値（mmHg）のデータ（対応のあるデータ）

| 患者番号 | 薬剤A | プラセボ | 薬剤A－プラセボ | 順位 |
|---|---|---|---|---|
| 1 | 111 | 115 | -4 | 2 |
| 2 | 154 | 109 | 45 | 7 |
| 3 | 120 | 121 | -1 | 1 |
| 4 | 110 | 122 | -12 | 6 |
| 5 | 119 | 127 | -8 | 3 |
| 6 | 112 | 123 | -11 | 5 |
| 7 | 109 | 119 | -10 | 4 |

つ症例がある場合，対応のあるt検定を用いる際の仮定である，正規分布に従うという仮定について疑問が残る。そこで，ここではノンパラメトリック検定である，**Wilcoxon符号付き順位検定**を用いて薬剤間の比較を行うことを考える。

Wilcoxon符号付き順位検定は，Wilcoxon順位和検定と同様に，データに分布を仮定せず，データの順位に基づく方法である。Wilcoxon符号付き順位検定では，薬剤Aとプラセボの差の絶対値が小さい順に順位をつける。もしも薬剤Aとプラセボの効果が等しいもとであれば，薬剤Aとプラセボの差の値は，ゼロを中心にして，均等に正と負に分布するはずである。一方で，もしも薬剤Aとプラセボの効果が異なるのであれば，ゼロを中心とするのではなく，正，または負に分布が偏るはずである。このように，Wilcoxon符号付き順位検定は，薬剤Aとプラセボの差の分布がゼロに関して対称であることを帰無仮説として検定を行う方法である。

いま，順位が1位，2位，3位，4位，5位，6位のデータに対して，薬剤Aとプラセボの差が負の値を取る。一方で，順位が7位のデータに対して，薬剤Aとプラセボの差が正の値を取る。帰無仮説のもとであれば（薬剤Aとプラセボの効果が等しいもとであれば），薬剤Aとプラセボの差が正の値を取る順位の合計と，負の値を取る順位の合計は近い値を取るはずである。

図1に，帰無仮説の1つの例と得られたデータの順位情報の違いを示す。このように順位情報の違いが有意であるかどうかを検定する手法が，Wilcoxon符号付き順位検定である。順位情報によって決まる検定統計量に基づき，薬剤Aとプラセボを投与したあとの血圧値の差の分布はゼロに関して対称であるという帰無仮説に対して検定を行う。検定統計量の算出等の詳しい説明については，より専門的な統計学の本を参照されたい[1-3]。

ここまでノンパラメトリック検定を紹介してきたが，ノンパラメトリック検定をどのような場面で用いるかについて補足する。ノンパラメトリック検定は，分布の仮定が難しいようなデータに対して薬剤Aとプラセボ間の比較を行うときに用いる。たとえば，本項と前項のように，血圧値といった連続値のデータに対して，外れ値と思われる値が含ま

第1章 基礎編

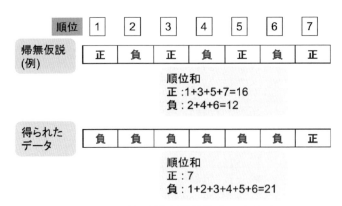

図1．Wilcoxon 符号付き順位検定の考え方

れており，正規分布といった分布の仮定が難しいような場合に用いられる．また，薬剤 A 投与後の満足度（非常に良い，良い，どちらでもない，悪い，非常に悪い）といった順序を持つカテゴリーのデータに対して，薬剤 A とプラセボ間の比較を行いたいとき等にも利用される．

## 4．カイ二乗検定

### 4-1．データの型

ここまでは薬剤 A とプラセボ間の比較について，血圧値をそのまま用いた，いわゆる連続値に対する比較を考えてきた．ここでは，仮に，薬剤を投与して血圧値が 15mmHg 以上下がれば，それが臨床的に「改善あり」であると考え，薬剤 A とプラセボを投与した後の改善割合を薬剤 A とプラセボ間で比較する状況を考える．この場合，「改善あり」の割合を薬剤 A とプラセボ間で比較する検定を用いる必要である．「改善あり」「改善なし」といったデータを 2 値のデータといい，**離散型のデータ**と呼ぶ．また，血圧値そのものは連続量であり，**連続型のデータ**と呼ばれる．

### 4-2．カイ二乗検定

4-1 項で見てきたような「改善あり」「改善なし」といった離散型データに対して，薬剤 A とプラセボ間の比較を考えよう．つまり，「改善あり」の割合について，薬剤 A とプラセボ間の比較を考える．例として**表4**のデータを示す．このデータは，薬剤 A またはプラセボをそれぞれ 10 人の患者に投与して得られた血圧値のデータである．また，投与後に血圧値が 15mmHg 以上下がれば「改善あり」，それ以外の場合を「改善なし」としている．

この例では薬剤 A の改善率は 70%（7/10 × 100%）であり，プラセボの改善率は 10%（1/10 × 100%）である．表4の情報について，薬剤ごとに「改善あり」と「改善なし」の情報

**表 4. 血圧値 (mmHg) のデータ (2 値データ含む)**

| 患者番号 | 薬剤 A | 改善の有無 | 患者番号 | プラセボ | 改善の有無 |
|---|---|---|---|---|---|
| 1-1 | -15 | 改善あり | 2-1 | 4 | 改善なし |
| 1-2 | -25 | 改善あり | 2-2 | -4 | 改善なし |
| 1-3 | -10 | 改善なし | 2-3 | -8 | 改善なし |
| 1-4 | -7 | 改善なし | 2-4 | -17 | 改善あり |
| 1-5 | -1 | 改善なし | 2-5 | -6 | 改善なし |
| 1-6 | -18 | 改善あり | 2-6 | -9 | 改善なし |
| 1-7 | -25 | 改善あり | 2-7 | -13 | 改善なし |
| 1-8 | -19 | 改善あり | 2-8 | -3 | 改善なし |
| 1-9 | -20 | 改善あり | 2-9 | -2 | 改善なし |
| 1-10 | -16 | 改善あり | 2-10 | 0 | 改善なし |

**表 5. 分割表**

|  | 改善あり | 改善なし | 合計 |
|---|---|---|---|
| 薬剤 A | 7 | 3 | 10 |
| プラセボ | 1 | 9 | 10 |
| 合計 | 8 | 12 | 20 |

**表 6. 帰無仮説下の分割表**

|  | 改善あり | 改善なし | 合計 |
|---|---|---|---|
| 薬剤 A | 4 | 6 | 10 |
| プラセボ | 4 | 6 | 10 |
| 合計 | 8 | 12 | 20 |

を要約した表のことを**分割表**と呼ぶ。表 5 に分割表を示す。このとき,「改善あり」,「改善なし」, 薬剤 A, およびプラセボのそれぞれの合計例数のことを周辺度数という。たとえば「改善あり」の周辺度数は 8 であり, 薬剤 A の周辺度数は 10 である。

薬剤によって, 改善率が異なるかどうかを調べる検定手法として, **カイ二乗検定**が知られている。カイ二乗検定の考え方を示す。周辺度数を固定して, 帰無仮説下 (両薬剤で改善率が同じ) の状況を考えると, **表 6** が得られる。帰無仮説下であれば, 薬剤 A とプラセボの改善率が同じであるため, 薬剤 A とプラセボの「改善あり」の例数は, 薬剤 A とプラセボの例数比になるはずである (この例では均等になるはずである)。つまり, 帰無仮説下であれば, 薬剤 A の「改善あり」の例数は, $8 \times (10/20) = 4$ となるはずである。同様に考えると, 薬剤 A の「改善なし」の例数は $12 \times (10/20) = 6$ となるはずである。

この値を期待値 (expectation) と呼び, E で表す。表 5 で示している実際に得られてい

る観測値（observation）をOで表す．分割表の各セルに対して，観測値と期待値の差（O－E）を調べて，この差に基づき検定統計量を計算して，統計的に有意かどうか調べる手法がカイ二乗検定である．これまでと同様に，検定の流れを示す．

### 4-2-1．帰無仮説と対立仮説の設定

ここでは両側検定を考える．

（1）帰無仮説

母集団において，薬剤Aとプラセボを投与したあとの改善率には差がない．

（2）対立仮説

母集団において，薬剤Aとプラセボを投与したあとの改善率の差はゼロではない．

### 4-2-2．有意水準$\alpha$の設定

$\alpha = 0.05$とする．

### 4-2-3．検定統計量$T$と$P$値の計算

$i$は分割表の各セルを意味して，薬剤Aの「改善あり」が$i=1$，薬剤Aの「改善なし」が$i=2$，プラセボの「改善あり」が$i=3$，プラセボの「改善なし」が$i=4$を表すとする．検定統計量$T$は以下の式である．

$$T = \sum_{i=1}^{4} \frac{(O_i - E_i)^2}{E_i}$$

計算すると，検定統計量$T$の値として7.5が得られる．

$$T = \sum_{i=1}^{4} \frac{(O_i - E_i)^2}{E_i} = \frac{3^2}{4} + \frac{(-3)^2}{6} + \frac{(-3)^2}{4} + \frac{3^2}{6} = 7.5$$

検定統計量$T$は，帰無仮説のもとで自由度1のカイ二乗分布に従い，$P=0.0062$が得られる．自由度やカイ二乗分布については，参考文献を参照されたい[2,3]．

### 4-2-4．設定した有意水準$\alpha$と$P$値との比較

$P=0.0062 < 0.05$より，帰無仮説を棄却して，対立仮説を採択する．薬剤Aとプラセボを投与したあとの改善率の差はゼロではないと結論づけられる．

このように離散型のデータに対しては，カイ二乗検定によって，薬剤Aとプラセボ間の比較を行うことが可能である．

## 5. まとめ

前節と本節で見てきたように，薬剤 A とプラセボの降圧効果を比較する場合に，以下の 3 つの観点がある。

① 得られる血圧値のデータは，同一患者から得られるデータ（対応のあるデータ）か，別々の患者から得られるデータ（対応のないデータ）か。

② 得られる値に対して分布の仮定をするのか（パラメトリック検定）か，分布の仮定をしないのか（ノンパラメトリック検定）か。

③ 薬剤 A とプラセボ間で比較したいデータは血圧値そのもの（連続型のデータ）か，「改善あり」「改善なし」といったデータ（離散型のデータ）か。

この 3 つに応じて，前節を含めて，ここまでに紹介してきた 5 つの検定は用いるべき場面が以下の**表 7** として分類される。

前節と本節で紹介した検定は，統計学における検定の一部であり，その他の検定についてはより専門的な統計学の本を参照されたい[1-3]。また，前節と本節で紹介した検定の検定統計量の計算や $P$ 値の算出は，Excel を用いて行うことが可能である。Excel による検定に関しては，多くの関連本が出版されているので必要に応じて，参考にされたい[4]。

**表 7. 紹介した検定**

| | データ | | |
|---|---|---|---|
| | 連続型 | | 離散型 |
| | パラメトリック検定 | ノンパラメトリック検定 | |
| 対応のないデータ | Student の $t$ 検定（対応のない $t$ 検定） | Wilcoxon 順位和検定 | カイ二乗検定 |
| 対応のあるデータ | 対応のある $t$ 検定 | Wilcoxon 符号付き順位検定 | |

■参考文献
1) Armitage P, Berry G：医学研究のための統計的方法，サイエンティスト社，2001
2) 松原望：入門統計解析（医学・自然科学編），東京図書，2007
3) 古川俊之，丹後俊郎：新版 医学への統計学，朝倉書店，1993
4) 涌井良幸，涌井貞美：Excel で学ぶ統計解析，ナツメ社，2003

## 第1章　基礎編

**問題と解答**

薬剤Aとプラセボをそれぞれ10人の患者に投与して，以下に示す血圧値の変化量が得られた。血圧値が15mmHg以上下がったときに「改善あり」であると考えるとき，問題1～問題3に答えよ。

| 患者番号 | 薬剤A | 改善の有無 | 患者番号 | プラセボ | 改善の有無 |
| --- | --- | --- | --- | --- | --- |
| 1-1 | -18 | 改善あり | 2-1 | 2 | 改善なし |
| 1-2 | -20 | 改善あり | 2-2 | -2 | 改善なし |
| 1-3 | -19 | 改善あり | 2-3 | -5 | 改善なし |
| 1-4 | -21 | 改善あり | 2-4 | -10 | 改善なし |
| 1-5 | -15 | 改善あり | 2-5 | -16 | 改善あり |
| 1-6 | -18 | 改善あり | 2-6 | 3 | 改善なし |
| 1-7 | -16 | 改善あり | 2-7 | -16 | 改善あり |
| 1-8 | -8 | 改善なし | 2-8 | 5 | 改善なし |
| 1-9 | -10 | 改善なし | 2-9 | 0 | 改善なし |
| 1-10 | -15 | 改善あり | 2-10 | 9 | 改善なし |

問題1. 得られたデータに対して，薬剤Aの「改善あり」の例数で正しいのはどれか。1つ選べ。

a) 5
b) 6
c) 7
d) 8
e) 9

**解答　d**

薬剤A投与後に「改善あり」だった患者は10人中8名である。

**問題 2.** 帰無仮説下（薬剤 A とプラセボを投与したあとの改善率には差がないとき）における，薬剤 A の「改善あり」の例数で正しいのはどれか。1 つ選べ。

a) 2
b) 3
c) 4
d) 5
e) 6

解答　d

「改善あり」は薬剤 A とプラセボを併せて，計 10 名であるため，10 × (10/20)=5

**問題 3.** カイ二乗検定の検定統計量の値として正しいのはどれか。1 つ選べ。

a) 5.2
b) 6.2
c) 7.2
d) 8.2
e) 9.2

解答　c

$$T = \sum_{i=1}^{4} \frac{(O_i - E_i)^2}{E_i} = \frac{3^2}{5} + \frac{(-3)^2}{5} + \frac{(-3)^2}{5} + \frac{3^2}{5} = 7.2$$

なお，数式中の記号の意味は本文と同じである。

# 第1章●基礎編

# 7. 相関と回帰

**KEY WORD** 散布図，相関，共分散，回帰，最小二乗法，決定係数

## 1. はじめに

　本節では，同一患者から観測された2つの項目間の関連性に注目する。たとえば年齢と血圧値や，身長と体重といった2つの観測項目間の関連性は一般的に知られており，年齢が増えると血圧値が高くなり，また身長が大きいと体重が大きい傾向にあると考えられている。

　また，臨床研究等を実施して2つの項目間の関連性を調べることもあるであろう。たとえば運動頻度とコレステロール値の関連性や，薬物の血中濃度と臨床効果の関連性などである。

　このように2つの項目間の関連性に注目するときに，その関連性をどのように表現したら良いであろうか。ここでは年齢と血圧値の2項目を取り上げる。具体的な例として，12人を対象にして，血圧値と年齢のデータが**表1**のように得られたとする。表1の値を見ると，年齢が高いほど，血圧値が高い傾向にあることがうかがえる。しかし，この傾向がどの程度強いかといったことはデータを眺めるだけではわからない。本当にこのような関係があるのか，わからない場合はまず図を描いてみることが大事である。

　描いた図を**図1**に示す。2つの項目（年齢，血圧値）の値をそれぞれ$x$軸，$y$軸にして描いた図であり，このような図のことを年齢と血圧値の**散布図**と呼ぶ。

　表1からも傾向がうかがえていたが，散布図から，年齢と血圧値の間には，年齢が高いほど血圧値が高いという関係性があり，それがかなり強いことが視覚的に確認できる。表1のようなデータが入力された表だけで，項目間の関係を理解することは一般的には難しく，項目間の関連性を把握するために，まず散布図を描いてみることは有益である。

　散布図から年齢と血圧値の間に関連性があることはわかったが，この関連性をどのように表現したら良いであろうか。また，年齢と血圧値の間の関連性はどの程度強いのか。これについては2項の**相関**で説明を行う。

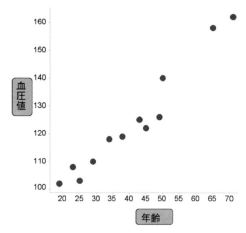

図1. 年齢と血圧値の散布図

表1. 血圧値（mmHg）と年齢のデータ

| 患者番号 | 年齢 | 血圧 |
|---|---|---|
| 1-1 | 34 | 118 |
| 1-2 | 29 | 110 |
| 1-3 | 65 | 158 |
| 1-4 | 19 | 102 |
| 1-5 | 25 | 103 |
| 1-6 | 45 | 122 |
| 1-7 | 50 | 140 |
| 1-8 | 71 | 162 |
| 1-9 | 43 | 125 |
| 1-10 | 38 | 119 |
| 1-11 | 49 | 126 |
| 1-12 | 23 | 108 |

　また，年齢が上がるにつれて血圧値も上がっていくという関連性がわかったとき，この関連性を用いて，ある年齢のときに血圧値はどのくらいであるといった予測ができるか否かについても興味が出てくるだろう．予測のためには，年齢と血圧値の具体的な関係式を求めることになるが，これには**回帰分析**の考え方が必要であり，それについては3項で述べる．

## 2. 相関

### 2-1. 正の相関，負の相関

　ここでは，年齢と血圧値といった2つの項目 $x$ と $y$ の関係性を調べる．10人の患者から，2つの項目 $x$ と $y$ の値が測定されているとき，それらの散布図を描くと，たとえば**図2**の (a) から (c) のいずれかの形状が得られるだろう．

　このとき，(a) のように，一方の項目が増加するともう一方の項目が増加するといった関係のとき，**正の相関**があるという．また，(c) のように，一方の項目が増加すれば，もう一方の項目が減少するといった関係のとき，**負の相関**があるという．(b) は，2つの項目間に取り立てて特徴はない（一方の項目が増えても，もう一方の項目は無関係な値を取る）ため，相関はないと呼ぶ．正の相関の例としては，身長と体重の関係が挙げられる．身長が高いほど，体重は一般的に大きくなる．また，負の相関の例としては，遊ぶ時間とテストの点数が挙げられる．遊ぶ時間が増えれば，勉強する時間が減り，テストの点数も落ちてくる．また，相関がない例としては，身長とテストの点数が挙げられる．身長が高いからテストで高得点を取るというわけではないため，相関がないことは明らかである．

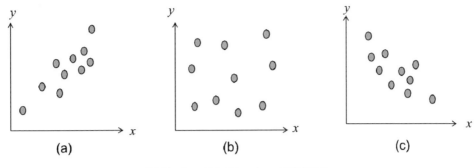

図2. 2つの項目 $x$ と $y$ の散布図

## 2-2. 強い相関，弱い相関

2つの項目 $x$ と $y$ の間の相関の程度は，強い，または弱いという表現を用いて表される。図3に正の相関の図を示す。(A) も (B) も，2つの項目 $x$ と $y$ の間に正の相関の関係性がうかがえるが，(A) に比べて (B) のほうが，$x$ が高いほど $y$ の値も高いという正の相関の関係性が強いことがわかる。また，(A) は $x$ が高くても $y$ の値が低い場合もある。

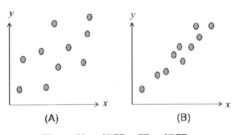

図3. 強い相関，弱い相関

このことから，(B) のような関連性があるとき，2つの項目 $x$ と $y$ は強い相関があるといい，(A) については，$x$ と $y$ は弱い相関があるという。また，(B) のような関係を相関が強い，(A) のような関係を相関が弱いと呼ぶこともある。

## 2-3. 共分散，相関係数

正の相関，または負の相関の関係性があるとき，相関が強い，もしくは弱いと判断するための客観的な指標が必要となる。それが<u>共分散</u>と<u>相関係数</u>である。

まず，共分散から説明する。2つの項目 $x$ と $y$ があったとき，$x$ と $y$ の共分散 $s_{xy}$ は以下の式で表される。ここで，$x_i$ と $y_i$ は患者 $i$ における $x$ と $y$ の測定値，$\bar{x}$ と $\bar{y}$ はそれぞれ $x$ と $y$ の平均を表している。$n$ は患者数を表す。

$\bar{x}$ と $\bar{y}$ によって，$x$ と $y$ のデータを図4の左端図のように分割して考えた場合（点線の箇所が $\bar{x}$ と $\bar{y}$ を表す），A と D の領域では $(x_i - \bar{x})(y_i - \bar{y})$ は負の値を取る。一方で，B と C の領域で $(x_i - \bar{x})(y_i - \bar{y})$ は正の値を取る。つまり，図4からわかるように，正の相関の場

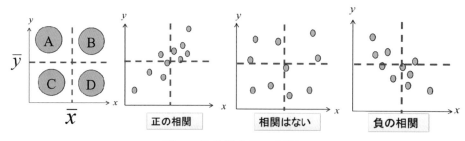

図4. 共分散の値の解釈

$$s_{xy} = \frac{1}{n}\sum_{i=1}^{n}(x_i - \bar{x})(y_i - \bar{y})$$

合は $s_{xy}$ は正の値を取り，負の相関の場合は $s_{xy}$ は負の値を取り，相関がない場合にはゼロに近い値を取る傾向にあることがわかる。

また，相関が強ければ，共分散の絶対値は大きな値を取り，相関が弱ければ，共分散の絶対値は小さくなる傾向にあることがわかり，共分散は相関の正負と強弱を測る良い目安であると考えられる。

ただし，共分散は計算式からもわかるように，値の単位に依存する。説明のため，身長と体重のデータを表2に示す。体重をkgとtの2通りで示している。このとき，身長と体重 (kg) の共分散は21.8だが，体重 (t) に対しては，0.0218であり，体重の単位が変わるだけで，共分散の値は変化してしまう。そのため，測定値の単位に依存しない指標が必要になる。それが相関係数である。このため，相関が強い，もしくは弱いと判断するための客観的な指標としては，共分散より相関係数を用いることが一般的である。

$x$ と $y$ の相関係数 $r_{xy}$ は以下で定義される。ここで $s_x$, $s_y$ は $x$ と $y$ の標準偏差をそれぞれ表す。

表2. 身長 (cm) と体重 (kg, t) のデータ

| 患者番号 | 身長 (cm) | 体重 (kg) | 体重 (t) |
|---|---|---|---|
| 2-1 | 147.9 | 41.7 | 0.0417 |
| 2-2 | 163.5 | 60.2 | 0.0602 |
| 2-3 | 159.8 | 47.0 | 0.0470 |
| 2-4 | 155.1 | 53.2 | 0.0532 |
| 2-5 | 163.3 | 48.3 | 0.0483 |
| 2-6 | 158.7 | 59.7 | 0.0597 |
| 2-7 | 172.0 | 58.5 | 0.0585 |
| 2-8 | 161.2 | 49.0 | 0.0490 |
| 2-9 | 153.9 | 46.7 | 0.0467 |
| 2-10 | 161.6 | 44.5 | 0.0445 |

$$r_{xy} = \frac{s_{xy}}{s_x s_y}$$

相関係数 $r_{xy}$ は $x$ と $y$ の単位の影響を受けず，必ず -1 以上 1 以下の値を取ることが知られている[1,2]。値の解釈としては，$r_{xy}$ が 1 に近いほど「正の相関」が強く，$r_{xy}$ が -1 に近いほど「負の相関」が強く，$r_{xy}$ が 0 に近いほど相関はないと解釈される。なお，表 2 のデータに対しては，体重が kg であっても t であっても，身長と体重の相関係数は 0.56 という値が得られて，中程度の正の相関があると解釈される。

## 3. 回帰分析

### 3-1. 回帰分析

表 1 の血圧値と年齢のデータに対して，年齢が上がるにつれて，血圧値は上がっていきそうだが，その具体的な関係性について調べていこう。図 1 を見ると，年齢と血圧値の間には直線の関係性がうかがえる。この直線の関係性を数式で表現できないだろうか。

この直線関係が数式でわかれば，年齢が 1 増えると，血圧値がどの程度増加するのかに関する関係式がわかり，$x$（年齢）がさまざまな値を取るにつれて，$y$（血圧値）がどのように変化するかを把握することができる。

そこで，血圧値 = 切片 + 傾き × 年齢（$y = \alpha + \beta \times x$）といった直線関係を持つような，図 1 に対して最もあてはまる直線を考えよう。

では，図 1 に最もあてはまる直線とはどのような直線だろうか。図 1 に直線を引いて，その直線と各観測値との差を取る。直線と各観測値との差を**図 5** に矢印で示している。

これを最もあてはまりの良い直線からの誤差と考えよう。つまり，図 5 から確認できるように，あてはまりの良い直線を $y = \alpha + \beta \times x$（血圧値 = 切片 + 傾き × 年齢）としたとき，患者 $i$ の年齢 $x_i$ を用いた $y = \alpha + \beta \times x_i$ の値と，患者 $i$ の血圧値 $y_i$ の差が，誤差 $e_i = (y_i - y)$ になる。この誤差の合計が最小になるような直線を見つければ，それが最もあてはまりの良い直線になるだろう。

この誤差 $e_i$ は正の値も，負の値も取る可能性があるため，二乗して和を取り，二乗和（$S$ とする）が最小になるように，$\alpha, \beta$ を見つけることができれば，それが最もあてはまりの良い直線を見つけることにつながる。表 1 のデータに対して，$S = (118 - (\alpha + \beta \times 34))^2 + (110 - (\alpha + \beta \times 29))^2 + \cdots + (108 - (\alpha + \beta \times 23))^2$ である。

誤差 $e_i$ の二乗和 $S$ が最小になるように係数 $\alpha, \beta$ を見つける方法を**最小二乗法**と呼ぶ。$S$ を最小にする $\alpha, \beta$ を見つければ良いため，$S$ を $\alpha, \beta$ でそれぞれ微分し，ゼロとして，以下の連立方程式を解けば良い。最小二乗法の詳しい説明については，専門的な統計学の本を参照されたい[1)-3)]。

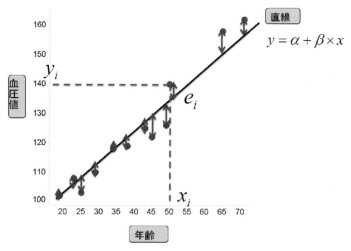

図5. あてはまりの良い直線と誤差 $e_i$

$$\frac{dS}{d\alpha} = 2\times(118-(\alpha+\beta\times34))\times(-1)+\cdots+2\times(108-(\alpha+\beta\times23))\times(-1)=0$$

$$\frac{dS}{d\beta} = 2\times(118-(\alpha+\beta\times34))\times(-34)+\cdots+2\times(108-(\alpha+\beta\times23))\times(-23)=0$$

この例では，上記の連立方程式から $\hat{\alpha}$=75.95，$\hat{\beta}$=1.18 が得られる（求まった推定値という意味でハット（^）を付けている）。つまり，図1に対して最もあてはまりの良い直線は $\hat{y}=\hat{\alpha}+\hat{\beta}\times x$=75.95+1.18 × $x$ であることがわかる。解釈としては，年齢が1歳上がるにつれて，血圧値が1.18上がることを意味する。求まった直線を図6に示す。この $\hat{y}$=75.95+1.18 × $x$ の直線のことを回帰直線といい，正確には血圧値の年齢への回帰直線と呼ぶ。

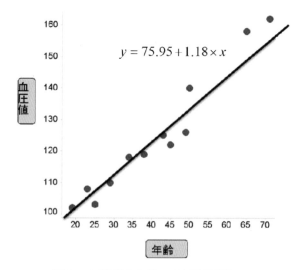

図6. 血圧値の年齢への回帰直線

また，$y=\alpha+\beta\times x$ における $\alpha, \beta$ のことを回帰直線の係数との意味合いで，**回帰係数**と呼び，より具体的に，$\alpha$ を回帰直線の切片，$\beta$ を回帰直線の傾きと呼ぶこともある。今回の例では，回帰直線の切片は 75.95 であり，回帰直線の傾きは 1.18 である。

回帰係数を求めるために，いつも上記のように最小二乗法を計算していると大変であるため，回帰係数を求めるために，以下の公式が知られている[1,2]。

$$\alpha = (\bar{y} - \frac{s_{xy}}{s_x^2})\bar{x}$$

$$\beta = \frac{s_{xy}}{s_x^2}$$

ここで，$\bar{x}, \bar{y}$ はそれぞれ $x$ の平均と $y$ の平均，$s_x$ は $x$ の標準偏差を表し，$s_{xy}$ は前項で登場した $x$ と $y$ の共分散を表している。

求まった回帰直線（$\hat{y}=75.95+1.18\times x$）はさまざまな面で利用可能である。たとえば，いまはデータのない 30 歳に対する血圧値を予測したければ，$75.95+1.18\times 30=111.35$ と計算して，30 歳の血圧値を予測することが可能である。

### 3-2. 回帰直線のあてはまりの確認

それぞれ 10 人の患者から年齢 $x$ と血圧値 $y$ のデータを観測して，回帰直線を求め，それを描いた結果を図 7 に示す。回帰直線 (A), (B) を見比べてみると，明らかに (A) より (B) の回帰直線のほうがデータによくあてはまっていることがわかる。つまり (B) のほうが，予測の観点からも優れた回帰直線であるといえる。このように，回帰直線を求めた際には，そのあてはまりを確認することが重要である。

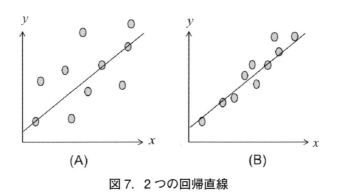

図 7．2 つの回帰直線

求まった回帰直線が，どの程度データを説明し得るものなのかを示す指標として，**決定係数**が知られている（また，**寄与率**として決定係数をパーセント表示した値も知られている）。決定係数は以下の式で表される。

$$\text{決定係数} = \frac{\sum_{i=1}^{n}(\hat{y}_i - \bar{y})^2}{\sum_{i=1}^{n}(y_i - \bar{y})^2}$$

$i$ は各患者，$y_i$ は各患者の $y$ の値，$n$ はデータ数，$\hat{y}_i$ は $\hat{\alpha} + \hat{\beta} \times x_i$ から得られる値を表し，$\bar{y}$ は $y$ の平均を表す．決定係数は 0 から 1 の値を取り，回帰直線がデータにあてはまっているほど，1 に近い値を取る．また，決定係数は相関係数の 2 乗に等しいという性質を持つ．ちなみに，前項で求めた回帰直線に対する決定係数は 0.95 で，非常にあてはまりが良い回帰直線であることがわかる．決定係数に関する詳細は専門的な統計学の本を参照されたい[2-3]．

■参考文献
1）Armitage P, Berry G：医学研究のための統計的方法，サイエンティスト社，2001
2）松原望：入門統計解析（医学・自然科学編），東京図書，2007
3）古川俊之，丹後俊郎：新版 医学への統計学，朝倉書店，1993

### 問題と解答

7 人の患者から，以下の年齢と血圧値 (mmHg) が得られた．問題 1 ～問題 3 に答えよ．

| 患者番号 | 年齢 | 血圧値 |
|---|---|---|
| 1 | 24 | 122 |
| 2 | 56 | 144 |
| 3 | 25 | 109 |
| 4 | 19 | 110 |
| 5 | 33 | 125 |
| 6 | 45 | 130 |
| 7 | 60 | 143 |

問題1. 年齢と血圧値の相関係数の値で正しいのはどれか。1つ選べ。

a）0.75
b）0.85
c）0.95
d）-0.85
e）-0.75

解答　c

$$r_{xy} = \frac{s_{xy}}{s_x s_y} = \frac{218.76}{(16.36)\times(14.09)} \fallingdotseq 0.95$$

問題2. 年齢と血圧値の相関係数に対して適切な解釈はどれか。1つ選べ。

a）年齢が高いほど血圧値は低い。
b）年齢と血圧値の間に関連性はない。
c）年齢と血圧値の間には正の相関関係がある。
d）年齢が低いほど血圧値は高い。
e）年齢と血圧値の間には負の相関関係がある。

解答　c

相関係数は 0.95 であるため，年齢と血圧値の間には正の相関関係がある。

問題3. 血圧値の年齢への回帰直線の傾きとして正しいのはどれか。1つ選べ。

a）0.62
b）0.72
c）0.82
d）0.92
e）1.02

**解答　c**

$$\beta = \frac{s_{xy}}{s_x^2} = \frac{218.76}{(16.36)^2} \fallingdotseq 0.82$$

### 第1章●基礎編

# 8. 臨床研究計画法と EBM

**KEY WORD** 臨床研究，研究仮説，バイアス，エンドポイント，EBM，エビデンスレベル，相対リスク減少率，絶対リスク減少率，治療必要数，内的妥当性，外的妥当性

## 1. はじめに

　本章では第1節から第7節まで，基礎統計学の基本を扱ってきた。本節では，基礎から応用への橋渡し的な内容として，臨床研究の計画や，研究論文を批判的に吟味する上で重要となる臨床研究計画法と，EBM（evidence-based medicine）について述べる（プロトコルの作成については第2章「12. 医療者による研究計画の立案・作成」を参照）。

## 2. 臨床研究計画法

### 2-1. 臨床研究と基礎研究の違い

　臨床研究（clinical research）は人を対象とする研究を総称する（詳細は第2章「5. 観察研究」「6. 介入試験・メタアナリシス」を参照）。自然科学系の研究計画を立案する場合，その根本的な流れは，臨床研究であれ基礎研究であれ，変わるものではない。すなわち，まずはじめに研究仮説（目的，テーマ）を設定し，その仮説を証明するための研究デザイン，対象，評価方法，評価項目（エンドポイント）等を決める。次いで，実際に研究を開始し，データ収集，統計解析を行い，仮説を検証し，結果をまとめ，報告（学会・論文発表）するといった一連の流れである（図1）。

　それでは，臨床研究と基礎研究の違いはどこにあるのであろうか？　その違いは，以下の3項目に要約される。
（1）臨床研究は変動（variation，誤差）を制御することから始まる。
（2）臨床研究はやり直しが困難である。
（3）臨床研究はチーム（組織）で行う。

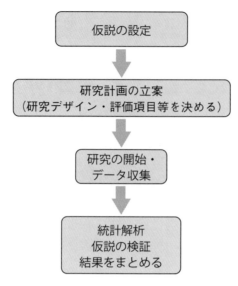

図1. 研究の流れ（概略）

　臨床研究が基礎研究と大きく異なる点は，人を対象とするがゆえに生じる変動要因を制御する方法論が必要なことにある．もちろん，動物や細胞を扱う基礎研究でも，得られるデータにはばらつきを伴い，変動要因が存在する．しかし，マウスやラット等のげっ歯類の実験で行われているように，動物種や年齢，性別，体重，飼育環境（食餌やケージ内温度等）は一定に揃えることができる．

　一方，臨床研究では，被験者の背景因子（年齢，性別，体重，人種，生活環境，食習慣，飲酒・喫煙習慣，運動習慣，疾患の種類・重症度，服用薬，サプリメントの摂取等）は多様であり，それら変動要因を揃えることは容易ではない．また上記の多様性から，同じ研究計画であっても，同じ条件で研究を繰り返すことは困難である．さらに，臨床研究は研究者のみが1人で行うものではなく，被験者や医療スタッフと共にチームを組んで協力し合って行うものである．そのため計画段階から，変動要因を制御する方法や，データを正確に測定し収集する手順を明確にし，研究に携わる者が情報を共有し実施する必要がある．

## 2-2．バイアスとばらつき

　データを扱う上で生じる誤差には，バイアス（bias）とばらつき（variability）があり，統計学的には両者を合わせて変動（variation）と呼ぶ[1]．

　　　変動（誤差）　＝　バイアス　　＋　　ばらつき
　　　　　　　　　　　（系統誤差）　　　（偶然誤差）

　バイアスは変動要因としての系統的な偏り（系統誤差）を示し，その大小は確度

（accuracy）で評価される．バイアスは臨床研究のさまざまな場面，たとえば，開始前の文献調査，対象集団の選定，（臨床試験の場合）割付，評価・測定，統計解析，出版時等で生じ得る．これらのバイアスは，研究デザインの工夫等により制御する必要がある．一方，ばらつきは偶然誤差を表し，その大小は精度（precision）で評価される．ばらつきの制御には，評価・測定法を改善する，症例数を増やす等がある．

# 3. EBM

## 3-1．EBMの定義

　EBMとは，科学的根拠（エビデンス；実証）に基づいた医療をいう．昨今，医薬学の進歩に伴い治療の選択肢は飛躍的に増大した．また，インターネットの普及に伴う情報の氾濫も相まって，患者の治療に対する要求も高まり，かつ多様化した．その一方で，医療費の上昇という経済的問題も加わり，EBMは現在，臨床決断を下す上で欠くことのできない手法となっている[2]．EBMは，1990年代初頭にGuyatt GHにより提唱され，その後，1996年にSackett DLが「現今の最良のエビデンスを，良心的，明示的そして妥当性のある用い方をして，個々の患者の臨床決断を下すこと」と定義した[3]．その後，2001年にSackett DLはさらにEBMを，"EBM is the integration of research evidence with clinical expertise and patient value"（リサーチから得られたエビデンス，臨床現場の状況，患者の価値観を統合したもの）と言い換え，これらが現在のEBMを表す定義として継承されている[4,5]．

## 3-2．EBMのステップ

　EBMは，以下の5ステップにより行われる（図2）．

### 3-2-1．ステップ1：患者の問題の定式化

　ここでは，目の前の患者にとって最も臨床的に重要な問題（clinical question）を，具体的に定式化する（研究計画を立てる場合には，clinical questionをさらにresearch questionにまで進める必要がある）．

　問題の定式化にあたっては，PECO（PICO）と略される項目に沿って具体的に明示する．

- patient： どのような患者で
- exposure（intervention）： 何に暴露される，あるいは介入されると
- comparison： 何と比較して
- outcome： どのような結果になるか

### 3-2-2．ステップ2：文献検索等によるエビデンスの収集

　ステップ1において患者の問題を定式化したあとは，その問題をキーワード化し，

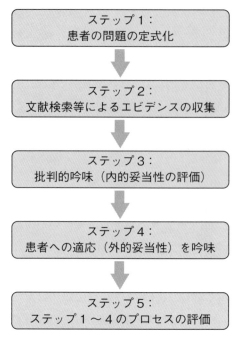

図2. EBM のステップ

MEDLINE 等の 2 次資料を用い文献検索し，質の高い研究論文を効率的に選択・収集する。質の高い論文は，ピアレビューに耐えたエビデンスレベルの高い研究論文である。エビデンスレベルは，メタアナリシス，ランダム化比較試験，コホート研究，症例対照研究，症例蓄積研究，症例報告，専門家の意見の順に高い[6]（図3）。

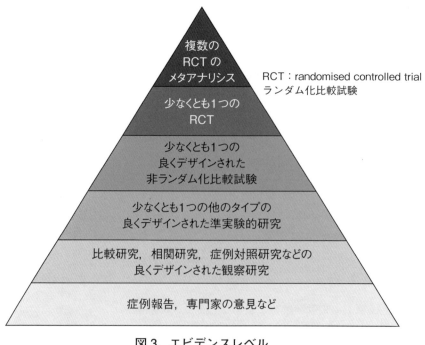

図3. エビデンスレベル
（ピラミッドの上に行くほど，エビデンスレベルは高い[6]）

### 3-2-3. ステップ3：研究論文の批判的吟味

ステップ2で得られたオリジナル研究論文を読み，その内容を批判的に吟味する。ここでは，内的妥当性〔internal validity／比較可能性（comparability）ともいう〕を十分に検討し，エビデンスの強さ（strength of evidence）を吟味する。すなわち，まず試験デザインにおいては，治療評価を困難にさせるバイアス（変動要因としての系統的な偏り）があれば，その対策（ランダム化，盲検化等）が講じられているかを検討する。次いで，追跡率はどのくらいか，統計解析の手法は的確か等を見る。また，エンドポイントの種類（真のエンドポイント，代替エンドポイント等）や，解析対象集団（ITT, FAS, PPS）の解析も注意して吟味する（第2章「5. 観察研究」，同「介入試験・メタアナリシス」を参照）。

### 3-2-4. ステップ4：情報の患者への適応

ここでは，ステップ3で批判的に吟味した論文が，目の前の患者に適応できるか（外的妥当性；external validity），すなわち目標とする集団への一般化（generalizability）が可能かどうかを評価する。どんなにエビデンスが強くても，目の前の患者に対して適応する妥当性がなければ，臨床的な決断を下すことはできない。ステップ4で検討すべき内容は，ベースラインリスク，病態生理，合併症等の臨床現場の状況と，患者の価値観（preference），さらに経済効果等である。これらを総合して，個々の患者にとって最も有益と考えられる臨床決断を行う。

### 3-2-5. ステップ5：ステップ1～4のプロセスの評価

以上のステップ1～4のプロセスを評価し，不十分であれば再度ステップを戻り，作業を繰り返す。

## 3-3. EBMの重要用語

EBMの評価に必要な重要用語を以下に示す（第2章「4. 疫学概論」を参照）。

### 3-3-1. 相対リスク（relative risk, RR）

相対リスクは，**相対危険度**，**リスク比**ともいう。イベント（疾患）の罹患率の比で表される。

### 3-3-2. 絶対リスク（absolute risk, AR）

絶対リスクは，**寄与リスク**，**寄与危険度**，**リスク差**ともいう。イベント（疾患）の罹患率の差で表される。

### 3-3-3. オッズ（odds）

オッズ（odds）とは，ある事象が起こりそうにない確率に対する，その事象が起こりそうな確率の比のことである。

### 3-3-4. オッズ比（odds ratio, OR）

ある条件である事象が起こるオッズと，その条件がない場合にその事象が起こるオッズとの比をいう。すなわち，暴露あるいは介入がある条件で疾患が起こるオッズと，暴露あるいは介入がない条件で疾患が起こるオッズの比で表される。

### 3-3-5. 相対リスク減少率（relative risk reduction, RRR）

相対リスク減少ともいう。コントロール群と介入群で，リスク（イベント発生）が相対的にどの程度減少したかを示す指標である。相対的な値であるため，ベースラインの発生率の違いは反映されない点，注意を要する。

相対リスク減少率（RRR）の計算：
$$RRR = (CER - EER) / CER$$
CER：control event rate
EER：experimental event rate

### 3-3-6. 絶対リスク減少率（absolute risk reduction, ARR）

絶対リスク減少ともいう。コントロール群でのイベント発生率と介入群でのイベント発生率の絶対的な差を示したものである。ARR は，治療必要数の基となる指標である。治療効果とともに，RRR で欠けていたベースラインの発生率も反映する。

絶対リスク減少率（ARR）の計算：
$$ARR = CER - EER$$

### 3-3-7. 治療必要数（number needed to treat, NNT）

ARR の逆数を取ったものである。1 つのイベント発生を抑制するために介入しなければならない患者数を示す。

治療必要数（NNT）の計算：
$$NNT = 1/ARR$$

ARR に比べ，より直感的に介入の効果を伝える点で優れており，医療経済学的な効果

を検討する上でも重要な指標である。なお，危険因子の影響を表す指標として，**害必要数**(number needed to harm, NNH) が使われる。

■参考文献
1) 大門貴志：生物統計学．創薬育薬医療スタッフのための臨床試験テキストブック〔中野重行（監），小林真一，山田浩，井部俊子（編）〕，pp. 269-275, メディカル・パブリケーションズ，2009
2) 山田浩：EBMの実際．医薬品情報学workbook〔望月眞弓，山田浩（編）〕，pp. 148-154, 朝倉書店，2015
3) Sackett DL, Rosenberg WMC, Gray JAM, Haynes RB, Richardson, WS : Evidence based medicine : What it is and what it isn't. BMJ 312 : 71-72, 1996
4) Haynes RB, Devereaux PJ, Guyatt GH : Clinical expertise in the era of evidence-based medicine and patient choice. ACP Journal Club 136 : A11-14, 2002
5) Straus SE, Paul Glasziou, Richardson WS, Haynes RB : Evidence-based Medicine : How to practice and teach it – 4th ed, Elsevier Churchill Livingstone, 2011
6) 山田浩：臨床研究の基礎知識．日本臨床薬理学会認定CRC試験 対策講座, pp. 25-41, メディカル・パブリケーションズ，2009

## 問題と解答

**問題1．バイアスの記載で正しいのはどれか．1つ選べ．**

a) バイアスは偶然変動のことである．
b) バイアスは統計学的分析で除去できる．
c) バイアスとは一定方向の偏りをいう．
d) バイアスは研究開始時には入らない．
e) バイアスは研究中には入らない．

**解答　c**

バイアスは系統誤差を意味し，一定方向の偏りであり，研究デザインにより排除するものである．バイアスは，研究開始時の割付時や，研究中の観察項目測定時等，さまざまな時点で生じる可能性がある．

第1章 基礎編

問題2. 下表は新規開発ワクチンAの肺炎球菌感染の発症予防効果を調べたランダム化比較試験の結果である。相対リスク減少率（relative risk reduction, RRR），絶対リスク減少率（absolute risk reduction, ARR），治療必要数（number needed to treat, NNT）を，それぞれ求めよ（率はパーセントで記載。小数点以下は四捨五入）。

|  | 発症あり | 発症なし |
| --- | --- | --- |
| 新規開発ワクチンA群 | 10人 | 190人 |
| コントロールワクチンB群 | 30人 | 170人 |

解答
- 相対リスク減少率（RRR）＝（CER-EER）/CER
  ＝（30/200-10/200）/（30/200）＝0.67（67％）
- 絶対リスク減少率（ARR）＝CER-EER
  ＝30/200-10/200＝0.1（10％）
- 治療必要数（NNT）＝1/ARR＝1/0.1＝10人


問題3. 60歳女性。骨粗鬆症の新規治療薬Aは，服用しない場合と比べて骨折率が20％減少することが知られている。骨密度検査の結果をもとにWHO骨折リスクツールで10年以内の骨折の発生率は6.0％と推定された。新薬Aの効果を説明するためのNNTの近似値はどれか。1つ選べ。

a）20
b）34
c）56
d）83
e）92

**解答　d**

　新薬を服用しない場合の骨折発生率は 6.0％であり，新薬の服用により，そのリスクは 20％減少する．解答をわかりやすくするために，仮に 1000 人の集団を考えてみる．新薬を服用しなかった場合 1000 × 0.060 = 60 人 が骨折すると考える．新薬は，そのうち 20％骨折リスクを減少するので，発症者は，

　　　60 人 × 0.8 = 48 人 となる．

　したがって ARR は，

　　　60/1000 － 48/1000 = 12/1000

NNT は ARR の逆数であるので，1000/12 = 83 となる．

# 第2章

# 応用編

1. 分散分析と多重比較
2. 多変量解析
3. 生存時間解析法
4. 疫学概論
5. 観察研究
6. 介入試験・メタアナリシス
7. 質的研究
8. ビッグデータ・診療情報を活用した研究
9. 生物統計家から見た臨床開発におけるデータマネジメント／統計解析
10. モニタリングの実際
11. 監査の実際
12. 医療者による研究計画の立案・作成

## 第2章●応用編

# 1. 分散分析と多重比較

**KEY WORD** 一元配置分散分析，ANOVA，多重比較，変動，平方和，平均平方

## 1. 分散分析と多重比較

　分散分析（ANalysis Of Variance，ANOVA）は，複数（通常3つ以上）の群間で平均値が等しいかどうかを検討するために用いられる。3群以上からなるデータ（たとえば，A組，B組，C組の数学の試験の成績）や，2つの要素を含むデータ（薬A，B，Cをそれぞれ5mg，10mg投与した場合の効果）を解析する際に使われる。分散分析はその名の通り，データの「分散」を基に，「データ全体の変動をさまざまな要因に基づく変動に分解し，検討する方法」である。分散分析には，因子の数によって「一元配置分散分析」「二元配置分散分析」「多元配置分散分析」等がある。

　いずれの分散分析も，明らかにできることは「群間の平均値は等しくない（どれか1つ以上の群間に差がある）」ことであり，「どの群間に差があるのか」までは知ることができない。そのため，多重比較を行い「どの群間において母平均の差があるのか」を明らかにすることも重要である。

　本節では，データに対応がない場合の一元配置分散分析，対応がある場合の一元配置分散分析，多重比較を扱う。

## 2. データに対応がない場合の一元配置分散分析

　一元配置分散分析は，1因子についての「2群の母平均の差の$t$検定」を「3群以上の母平均の差の検定」に一般化したものである。

### 2-1. 一元配置分散分析の考え方

　一元配置分散分析では，「データ全体の平均値から，各群の平均値がどのくらいずれて

いるか」に着目する。

まず，各データについて「そのデータの全体平均値からのズレ」は，「全体平均値からの各群平均値のズレ（群間のズレ）」と「各群平均値からのそのデータのズレ（群内のズレ）」に分解できる。つまり，すべてのデータについて，以下が成立する。

$$全体平均値からのズレ = 群間のズレ + 群内のズレ$$

例）表1は，ある学習塾におけるクラス別の数学の試験成績である。全体（9人全員）の平均点は75点である。

表1. 生徒9人の数学の試験成績（点）

| 生徒番号 | クラスA | クラスB | クラスC |
|---|---|---|---|
| 1 | 40 | 65 | 90 |
| 2 | 50 | 80 | 95 |
| 3 | 60 | 95 | 100 |
| クラスの平均点 | 50 | 80 | 95 |

クラスAの生徒番号1（40点）について，ズレを確認する。

40-75（全体平均値からのズレ）=50-75（群間のズレ）+40-50（群内のズレ）

この学生の全体平均からのズレである-35点は，クラスAの効果による-25点と個人差

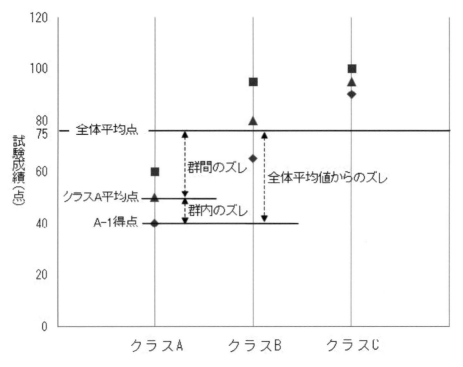

図1. 生徒9人の数学の試験成績のプロット

による -10 点に分解することができる。

群間のズレは，群による違いを示しており，ズレが大きくなるということは，各群の平均値が大きく異なることを意味する。一方，群内のズレは，同じ群の中でのばらつきを示しており，「誤差」や「個人差」として扱える。

もし，群内のズレに比べて，群間のズレが大きければ，「各群の平均値に差はない」という帰無仮説を棄却し，逆に小さければ帰無仮説を採択し，「各群の平均値に差はあるとは言い切れない」とする。

### 2-2．一元配置分散分析の手順

分散分析を行うときは，表2のような分散分析表を作成する。

表2．一元配置分散分析表

| 要因 | 平方和 | 自由度 | 平均平方 | F値 |
|---|---|---|---|---|
| 群間 | $S_A$ | $a-1$ | $V_A$ | $F_A=V_A/V_E$ |
| 群内 | $S_E$ | $N-a$ | $V_E$ | |
| 全体 | $S_T$ | $N-1$ | | |

aは群の数，Nは全データ数

前述でズレと表現していたものは偏差であり，二乗したものを変動と呼ぶ。また，偏差の二乗和を偏差平方和または単に平方和という。一元配置分散分析を行うには，まず，この分散分析表を埋めることから始める。

全体の平方和 $S_T$ は，各データの全体平均点からの偏差の二乗和である。前述の例では，各生徒について表3のように全体の平均点と各生徒の点数の差が計算され，この二乗和を求めると3850になる。

表3．全体の平均点と各生徒の点数の差

| 生徒番号 | クラスA | クラスB | クラスC |
|---|---|---|---|
| 1 | 40-75=-35 | 65-75=-10 | 90-75=15 |
| 2 | 50-75=-25 | 80-75=5 | 95-75=20 |
| 3 | 60-75=-15 | 95-75=20 | 100-75=25 |

群間の平方和 $S_A$ は，前述の群間の偏差の二乗和である。各クラスとも生徒は3人であるので，平均点差の二乗を3倍し，3クラス分を合計すると3150になる。

表4. 全体の平均点と各クラスの平均点の差

|  | クラスA | クラスB | クラスC |
|---|---|---|---|
| 平均点差 | 50-75=-25 | 80-75=5 | 95-75=20 |

群内の平方和 $S_E$ は，前述の群内の偏差の二乗和であり，700になる。

表5. 各クラスの平均点と各生徒の点数の差

| 生徒番号 | クラスA | クラスB | クラスC |
|---|---|---|---|
| 1 | 40-50=-10 | 65-80=-15 | 90-95=-5 |
| 2 | 50-50=0 | 80-80=0 | 95-95=0 |
| 3 | 60-50=10 | 95-80=15 | 100-95=5 |

3850 = 3150+700 であり，全体の平方和＝群間の平方和＋群内の平方和となっていることがわかる。

次の自由度は以下のように決まる。

$$群間の自由度 = 群の数 -1$$

$$群内の自由度 = 全体の自由度 - 群間の自由度 = 全データ数 - 群の数$$

$$全体の自由度 = 全データ数 -1$$

次は，平均平方であるが，平方和を各自由度で除したものである。

$$群間平均平方 V_A = S_A/a-1 \quad 群内平均平方 V_E = S_E/N-a$$

例の場合，$S_A = 3150$，$a = 3$，$S_E = 700$，$N = 9$ であるので，$V_A = 1575$，$V_E = 116.7$ となる。最後に，次の検定で用いる分散比 $F_A$ であるが，$V_A/V_E = 13.5$ と求まる。

## 2-3. 一元配置分散分析の検定

前述の例で仮説を整理する。問題は「数学の試験について，クラスA，B，Cの効果に違いがあるのか」であり，これを一般化すると「クラスの違いは得点を変動させるのか」と表現できる。検定を行うための帰無仮説は以下となる。

$H_0$：クラスの違いによる得点の変動は0である（3つのクラスの平均点は等しい）

もし，クラスの違いによる得点の変動がなければ，3つのクラスの平均点はすべて等しくなり，クラスの違い（群間）の分散は0となる。したがって，分散比 $F_A$ は，クラスの違いによる変動がなければ0であり，変動が大きいほど大きな値になる。また，分散比 $F_A$ は，$V_A$ と $V_E$ の比であるので，群内と比べて群間の変動が大きいほど大きな値となり，変動が小さいほど小さな値となる。分散分析では分散比 $F_A$ から導き出されるF値を検定統計量にして検定を行う。

さて，利用するF分布は2つの自由度によって決まる。分散分析では，群間の自由度と群内の自由度，有意水準αによって基準のF値が求められる。これをF（群間の自由度，群内の自由度，有意水準α）と書く。

前述の例において有意水準5%で検定を行う。

$$F_A=13.5>F(2, 6, 0.05)=5.143$$

$F_A$は基準となるF値より大きく，有意水準5%で棄却域に入り，帰無仮説は棄却された。つまり，「3つのクラスの平均点は等しくはなく，少なくともどこか1つ以上のクラス間に差がある」という結論を導く。

## 3. 多重比較

多重比較法の定義は，「いくつかの水準・群がある。その相互に平均値的な値（パラメータとして数値で表現出来ればそれでよい）において，差異があるかどうかを検定という推測形式で確認したい。水準・群の各対で検定を行うと，多重性のために公称の有意水準に比べて，第1種の過誤の確率が大きくなる。この現象を防ぐために多重性を考慮した公称の有意水準，つまり棄却限界値あるいは棄却域の調整を行って検定する。このやり方を多重比較法という」[1]と述べられている。「どの群間に差があるのか」を明らかにするために，2群間の比較を繰り返し行ってはいけない。

### 3-1. 多重比較の考え方

本節の冒頭に述べたように，分散分析後，「どの群間に差があるのか」を明らかにするために2群間の比較を繰り返し行うことは間違いで，多重比較を行わなくてはいけない。その理由を考えてみる。

前述の数学の試験の例のように，A，B，Cの3群を比較することを考えてみる。仮に，AとB，AとC，BとCの比較を行うためにt検定を3回行ったとする。有意水準5%とした場合，「1回の検定で，有意差がでない確率は（1-0.05）」であるが，3回検定した場合に，どれかの検定において有意差が出る確率は1-(1-0.05)$^3$=14.2%となる。つまり，当初は統計的結論が間違っている確率は5%まで許容することにしていたのだが，3回繰り返すことにより，意図せずに許容範囲を14.2%まで広げてしまったことになる。このような間違いを防ぎ，最終的な結論の有意水準を5%以下に抑えるために多重比較の方法がある。

### 3-2. 主な多重比較の方法

多重比較の種類は多く，それぞれの特徴にあるため，適・不適を検討し用いる。基礎的な方法として，次の4つがある[2]。

- テューキー (Tukey) の方法
  正規分布を前提として，母平均について群間のすべての2群間比較を行う。
- ダネット（Dunnett）の方法
  正規分布を前提として，母平均について，特定の対照群と他の全ての群との比較を行う。
- シェッフェ（Scheffé）の方法
  正規分布を前提として，あらゆる2群間比較を行う。各群の例数が異なっていても使用できる汎用性の高い方法。
- ボンフェローニ（Bonferroni）の方法
  それぞれの検定の有意水準を検定の回数で除して小さく厳しく設定するだけの方法。

前述の数学の試験の例について多重比較を行った結果を表6にまとめた。有意水準5％としてボンフェローニの多重比較を行う場合，検定水準は0.05/3 = 0.01667以下となる。

表6. シェッフェ法とボンフェローニ法による多重比較の結果

| 2群の組 | 平均値の差 | シェッフェ | | ボンフェローニ | |
|---|---|---|---|---|---|
| | | F値 | p値 | t値 | p値 |
| A-B | 30 | 5.786 | 0.03981 | 3.402 | 0.01447 |
| A-C | 45 | 13.018 | 0.00657 | 5.103 | 0.00222 |
| B-C | 15 | 1.446 | 0.30714 | 1.701 | 0.13988 |

いずれの方法によっても，A-BとA-C間に有意差が見られた。この結果から「クラスAの平均点は，クラスB，Cの平均点とは異なっている。しかしクラスBの平均点とクラスCの平均点が異なっているかは，結論できない」という統計的結論を導くことができる。

臨床試験などで行われる中間解析も同様に，検定を行う回数が複数回に増えるので，多重性が問題となる。最終的な有意水準を保持するための方法が提示されている[3]。

## 4. データに対応がある場合の一元配置分散分析

医学や薬学の分野では，対応のある多群データを扱うことも多い。同じ対象に対して条件を変えて繰り返しデータを測定する場合に使用する。

たとえば学習塾で3人の生徒に数学の「学習法」を教育する。教育前，教育1週後，教育2週後の試験成績を測定した結果が表7のようになったとする。

表7. 生徒3人の数学の試験成績変化（点）

| 生徒番号 | 教育前 | 教育1週後 | 教育2週後 | 計 | 個人平均点 |
|---|---|---|---|---|---|
| 1 | 40 | 65 | 90 | 195 | 65 |
| 2 | 50 | 80 | 95 | 225 | 75 |
| 3 | 60 | 95 | 100 | 255 | 85 |
| 時期平均点 | 50 | 80 | 95 | - | 75 |

この場合，データを変動させる要因は各生徒の個人差と時期の2つと考えられる。つまり，3つの時期のデータを個人について平均した個人平均点が，65～85と生徒によって異なっているのは個人差（個体間）による変動であり，時期ごとに平均した時期平均点が50～95と異なっているのは，学習効果が時期によって変化して生じる，時期による変動と考える。

### 4-1. 対応がある場合の一元配置分散分析の考え方

対応がない場合の一元分散分析では「全変動＝群間変動＋群内変動」としたが，対応がある場合は，「全変動＝時期による変動＋個体間の変動＋残差の変動」と考える。残差とは，学習効果の表れ具合の個人差というイメージに近い。

### 4-2. 対応がある場合の一元配置分散分析の手順

対応がない場合と同様に，分散分析表を作成する。

表8. 対応がある場合の分散分析表

| 要因 | 平方和 | 自由度 | 平均平方 | F値 |
|---|---|---|---|---|
| 時期 | $S_A$ | a-1 | $V_A$ | $F_A=V_A/V_E$ |
| 残差 | $S_E$ | (a-1)(b-1) | $V_E$ | |

aは時期の数，bは個体数

前述の例を考える。時期による変動（平方和）は，対応がない場合の群間変動と同様に求められ，各時期平均点と全体平均点75点との差を二乗し，それを3人分として3倍し，3時期分を合計すると3150となる。

次に，残差の変動は，各時期内の変動（対応がない場合の群内変動）から個体間（個体差）の変動を引いたものである。各時期内の変動は，（各個人点の）時期平均点からの偏差の二乗和であり700になる。個体間の変動は，個人平均点と全体平均点との差の二乗和で求められ，$3\times(65-75)^2+3\times(75-75)^2+3\times(85-75)^2=600$ となる。したがって，残差の変動は700-600=100となる。

表9. 数学の試験成績の変化についての分散分析表

| 要因 | 平方和 | 自由度 | 平均平方 | F値 |
|---|---|---|---|---|
| 時期 | 3150 | 2 | 1575 | 63 |
| 残差 | 100 | 4 | 25 | |

## 4-3. 対応がある場合の一元配置分散分析の検定

前述の例で仮説を整理する。問題は「数学の試験について，学習法の教育前，教育1週後，教育2週後で得点が上がっているのか」であり，検定を行うための帰無仮説は以下となる。

$H_0$：3つの時期の平均点は等しい（時期による得点の変動は0である）

分散比 $F_A$ は，時期の違いによる変動がなければ0であり，変動が大きいほど大きな値になる。また，分散比 $F_A$ は，残差の変動が大きいほど小さな値となる。対応がない場合と同様に，分散比 $F_A$ から導き出される F 値を検定統計量にして検定を行う。

前述の例において有意水準5%で検定を行う。

$$F_A = 63 > F(2, 4, 0.05) = 6.944$$

$F_A$ は基準となる F 値より大きく，有意水準5%で棄却域に入り，帰無仮説は棄却された。つまり，「3つの時期の平均点は等しくはなく，少なくともどこか1つ以上の時期間に差がある」という結論を導く。どの時期間に差があるのかを明らかにするには多重比較を行うことになる。

なお，対応がある場合の一元配置分散分析は，対応がない二元配置分散分析として解析することができる。

■参考文献
1) 吉村功：多重比較法の問題点. 統計数理研究所共同研究リポート 18：pp. 58-71, 1989
2) 永田靖, 吉田道弘：統計的多重比較法の基礎, pp. 33-87, サイエンティスト社. 1997
3) Schulz KF, et al : Multiplicity in randomised trials II : subgroup and interim analyses. Lancet. 365 (9471) : 1657-1661, 2005

## 問題と解答

高血圧患者15人を無作為に3群に分けてそれぞれの群に薬剤A，薬剤B，薬剤Cを投与し，投与後の収縮期血圧を測定した結果が下表のようになった。

薬剤投与後の収縮期血圧(mmHg)

| 患者番号 | 薬剤A群 | 薬剤B群 | 薬剤C群 |
|---|---|---|---|
| 1 | 104 | 119 | 122 |
| 2 | 110 | 132 | 126 |
| 3 | 101 | 129 | 134 |
| 4 | 104 | 114 | 138 |
| 5 | 116 | 106 | 115 |

**問題1．** このデータを検定する際の帰無仮説は何か。

**解答**

薬剤A群，薬剤B群，薬剤C群における平均収縮期血圧は，すべて等しい。

**問題2．** 分散分析表を作成せよ。

**解答**

| 要因 | 平方和 | 自由度 | 平均平方 | F値 |
|---|---|---|---|---|
| 群間 | 1030 | 2 | 515 | 6.561 |
| 群内 | 942 | 12 | 78.5 | |
| 全体 | 1972 | 14 | | |

**問題3．** 有意水準を5%としたとき，この分散分析表から導かれる結論は何か。

**解答**

$F(2, 12, 0.05)=3.885<6.561=F_A$ であるので，棄却域に入り，帰無仮説は棄却された。つまり，「薬剤A群，薬剤B群，薬剤C群における平均収縮期血圧は等しくはなく，少なくともどこか1つ以上の薬剤間に差がある」という結論を導く。

# 第2章●応用編

# 2. 多変量解析

**KEY WORD** 重回帰分析, ロジスティック回帰分析, オッズ比, 説明変数, 目的変数, 変数選択

## 1. 多変量解析とは

### 1-1. 多変量解析の目的

　多変量解析（multivariate analysis）とは，多種類のデータ（変数）を総合的に要約したり，変数間の相互関係を分析したり，将来の数値予測を行うための統計的技法の総称である。多変量解析は用途が広く，観察研究からランダム化比較試験等の介入研究にも用いることができる。多変量解析の用途は，大きく「予測」と「要約」に分けることができる（**表1**）。

　予測は，複数の変数から何らかの結果を予測するもので，因果関係明確化の手法とも呼ばれている。予測の手法では，解析を行う複数の変数を2つの種類に分類する。一つは，説明変数（独立変数）と呼ばれ，原因とみなす変数であり，一方は，目的変数（従属変数）と呼ばれ，結果として扱いたい変数，である。たとえば，体重を身長と腹囲と胸囲から予測したいとする場合，目的変数を体重，説明変数を身長，腹囲，胸囲とする。予測の手法としては，重回帰分析，ロジスティック回帰分析，数量化Ⅰ類，数量化Ⅱ類などがある（**表1-a**）。

　一方，要約は，複数の変数を新たな変数に要約する手法であり，言い換えると多くの変数を少ない変数で説明するもので，類似関係明確化の手法とも呼ばれている。たとえば，性格に関する質問を20項目行い，それらのデータから類似性の高いグループに要約（分類）する手法である。要約の手法としては，クラスター分析，因子分析，主成分分析などがある（**表1-b**）。

　本節では，多変量解析のうち医療分野で利用頻度の高い重回帰分析，ロジスティック回帰分析について解説する。

表1-a. 予測の手法

| 原因＼結果 | | 目的変数 | |
|---|---|---|---|
| | | 量的変数 | 質的変数 |
| 説明変数 | 量的変数 | 重回帰分析 | ロジスティック回帰分析 |
| | 質的変数 | 数量化Ⅰ類 | 数量化Ⅱ類 |

表1-b. 要約の手法

| 変数 | 目的変数 |
|---|---|
| 量的変数 | 主成分分析，因子分析，クラスター分析 |
| 質的変数 | 数量化Ⅲ類，コレスポンデンス分析 |

　最近では，一般化線形モデル，一般化線形混合モデルといった発展的な手法による解析も行われている（詳しくは専門書を参照）。

## 2. 重回帰分析

### 2-1. 重回帰分析とは

　多変量解析の手法にはいくつもの種類がある。その中で重回帰分析は最もシンプルで基本的な手法であり，医療分野に限らず最も頻繁に用いられる手法である。重回帰分析では，一つの量的（連続値）データを複数の量的データで予測する手法である（図1）。目的変数と説明変数は両方とも量的データである場合に適応される。留意すべきこととして，重回帰分析の適応条件は，目的変数は連続値であり，その連続値の確率分布には正規分布を仮定していることである。

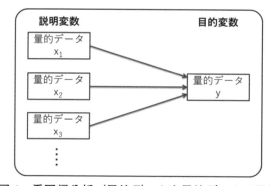

図1. 重回帰分析（量的データを量的データで予測）

重回帰分析では，目的変数をY，説明変数を$x_1, x_2, x_3, \cdots x_n$としたとき，以下の式で表すことができる。

$$Y = a + \beta_1 x_1 + \beta_2 x_2 + \beta_3 x_3 + \cdots + \beta_n x_n$$

ここで，$\beta_1, \beta_2, \beta_3, \cdots \beta_n$は偏回帰係数（回帰係数）と呼び回帰式を特徴づけるパラメータである。また，a は切片（定数項）と呼ぶ。重回帰式において，予測を行うときに要因となる説明変数$x_1, x_2, x_3, \cdots x_n$の値は，変化する値であり，その前の$\beta$によって重みづけされており，$\beta$の値は関連の強さ，影響の大きさと言い換えることもできる。なお，回帰式のうち，説明変数が1個の場合は単回帰式，2個以上の場合は重回帰式と呼ぶ。

偏回帰係数は，求めたい回帰式を「$Y = a + \beta_1 x_1 + \beta_2 x_2 + \beta_3 x_3 + \cdots + \beta_n x_n$」としたとき，実際に得られたデータを代入した実測値$y_i$ ($i=1,2,\cdots n$) と，回帰式上の予測値$\hat{y}_i$ ($i=1,2,\cdots n$) との差$y_i - \hat{y}_i$の平方和を最小にする$\beta_1, \beta_2, \beta_3, \cdots \beta_n$を計算することで計算される。

$$平方和 \sum_{i=1}^{n}(y_i - \hat{y}_i)^2$$

この考え方を最小二乗法と呼ぶ。切片 a は，偏回帰係数が決まれば自動的に決まる。

## 2-2．重回帰分析の実例と結果の解釈

ある臨床試験で男性40人の酸化LDL（mg/dL：動脈硬化に影響を及ぼすと考えられる酸化ストレスマーカー），年齢，中性脂肪（mg/dL），LDL（mg/dL）を測定し，酸化LDLを目的変数として，年齢，中性脂肪，LDLを説明変数として，各説明変数が目的変数に影響を及ぼすかを検討したいとする。統計パッケージ（SAS，R，SPSS）などを使って，各パラメータを推定した結果，表2のような結果が得られた。

表2．重回帰分析の結果

| 変数 | 推定値 | 標準誤差 | t値 | $p$値 |
|---|---|---|---|---|
| 切片（定数項） | 21.288 | 8.482 | 2.51 | 0.017 |
| 年齢 | 0.438 | 0.151 | 2.91 | 0.006 |
| 中性脂肪 | 0.126 | 0.030 | 4.25 | 0.000 |
| LDL | 0.196 | 0.057 | 3.43 | 0.002 |

| Model Fit | 値 |
|---|---|
| $R^2$値 | 0.7826 |
| 自由度調整済み$R^2$値 | 0.7645 |

このとき予測式は次の通り記述できる。

$$y = 21.288 + 0.126x_1 + 0.196x_2 + 0.438x_3$$

ここで，21.288 は定数で，0.126 $x_1$ は，年齢1歳当たり酸化 LDL が 0.126mg/dL 上がるということを意味する。同様に，中性脂肪 1mg/dL 当たり参加 LDL は 0.196 上がり，LDL 1mg/dL 当たり 0.438 上がることを意味している。

なお，予測式の偏回帰係数の符号が「-（マイナス）」の場合は，説明変数1単位当たり目的変数の値が偏回帰係数の値分下がるということを意味する。

表より偏回帰係数の推定値の$p$値に着目すると，いずれも有意水準5％で統計的に有意であると判断できる。このときの帰無仮説は「$H_0 : \beta = 0$」であるため，帰無仮説が棄却されることで説明変数が目的変数に対して統計学的に意味のある変数であると解釈できる。

重回帰式の結果を読み取る際に重要な指標の一つとして決定係数（寄与率）（$R^2$値）がある。決定係数とは，回帰分析によって求められた目的変数の予測値が，実施に観測した目的変数の値とどのくらい一致しているかを表す。決定係数が1に近いほど回帰式がデータによくあてはまっており，逆に小さければあてはまりがよくないと判断する。今回の例では，$R^2$値＝ 0.7826 であり，この結果は，3つの説明変数を用いた回帰モデルによって目的変数の約78.2％を説明できるということを示す。ただし，決定係数の特性として，説明変数の数を増やすと，その変数が目的変数に対して有用な変数であろうとなかろうと高い値を示す問題を含んでいる。そのため，説明変数の数が多い場合には，この点を補正した自由度調整済み決定係数を使用する。今回の結果でも自由度調整済み$R^2$値は0.7645と，調整していない$R^2$値と比べて小さくなっており，変数の数の影響が調整されている。通常，重回帰分析では，自由度調整済み決定係数を用いて回帰式の精度（適合度）を判断する。

## 2-3. 標準化偏回帰係数

重回帰分析の目的の一つに，どの説明変数が目的変数に最も影響を与えているかを調べるということがある。しかし，回帰式における偏回帰係数の値の大きさで直接比較して影響度を評価することはできない。これは変数間の単位が異なっているからである。たとえば，身長を cm（センチメートル）で計算した場合と，m（メートル）で計算した場合とでは，説明変数に対する偏回帰係数は 1/100 になる。このように，偏回帰係数は説明変数の測定単位によって値が異なるため，偏回帰係数の値を直接比較して影響度を評価することはできない。このような影響を排除するために標準化を行う。標準化とは説明変数と目的変数を平均0，標準偏差を1に変換することであり，標準化された変数を使って回帰分析を行うことで各変数の測定単位に左右されず影響度を評価することができる。この標準化された変数によって得られた偏回帰係数を標準化偏回帰係数と呼ぶ。

標準化はデータの平均値（$\overline{X}$）と標準偏差（$s$）を用いて以下の式により計算できる。

$$X \rightarrow \frac{X - \overline{X}}{s}$$

標準化偏回帰係数は，ある説明変数が1標準偏差変化したときに目的変数が標準偏差単位でどれだけ変化するかを表している。つまり，各変数の単位に関係なく，説明変数の相対的な影響力を比較することができる。なお，標準化した場合，すべての変数の平均値が0となるため重回帰式の切片は0となる。通常，統計ソフトウェアを用いて分析する場合は，偏回帰係数と合わせて標準化偏回帰係数も計算されるため，分析の目的に応じてどちらの値を参照するか判断する必要がある。

### 2-4. 多重共線性

重回帰分析において説明変数同士の相関が強い場合，得られる偏回帰係数の計算結果が不安定になり，場合によっては，医学的な常識に反する推定値を導き出してしまうことがある。これを多重共線性（multicollinearity：マルチコ）と呼ぶ。具体的には，回帰式の決定係数が高く十分有意にもかかわらず，偏回帰係数の検定では全く有意になっていない場合，または説明変数の一部を削除したときに偏回帰係数が極端に変化している場合は多重共線性を疑う必要がある。

多重共線性の確認方法として最もシンプルな方法は，説明変数間の相関係数を算出し，相関係数が0.9以上であった説明変数のペアのいずれか一方を削除する方法がある。もしくは，相関のある説明変数同士を一つの説明変数に要約した上で分析する。たとえば，身長と体重のように相関の強い変数を，BMIという変数に要約して説明変数としてBMIを採用する。

その他，VIF統計量（variance inflation factor：分散拡大係数）を計算することで多重共線性を評価する方法がある。VIFとは，説明変数間に相関がある場合に推定された偏回帰係数の分散がどれだけ増加するかを測定するもので，VIF統計量が5〜10を超えていると多重共線性が存在していると判断されることが多い（明確な基準があるわけではない）。ただし，全体的にVIF統計量が高い場合，結果を慎重に解釈する必要がある。

VIF統計量は，決定係数$R^2$を基に以下の式で計算できる

$$VIF = \frac{1}{1 - R^2}$$

## 3. ロジスティック回帰分析

### 3-1. ロジスティック回帰分析とは

重回帰分析では，目的変数は連続値であることが条件であったが，ロジスティック回帰

分析では，目的変数が「あり」「なし」のように2値を取る場合に採用される回帰モデルである．医学領域では，疾患の発症の有無や，生存・死亡といったアウトカムを2値で表す例が多く，そのようなデータに対してロジスティック回帰分析は幅広く用いられている手法である．さらにロジスティック回帰分析の特徴として，解析によってオッズ比を計算することができるため，たとえば症例対照研究等で新薬群と既存薬群で疾患罹患リスクを群間で比較するような場合，群の違いが何倍リスクとなるかをさまざまな要因の影響を補正した上で計算することができる．ロジスティック回帰は，重回帰分析が基本となっているが，目的変数は2値のため「0, 1」や「1, 2」といった数値に置き換える．たとえば，「疾病の発症なし：0，疾病発症あり：1」といった形に変換する．説明変数は，量的データでも質的データのどちらでも扱うことができる（図2）．

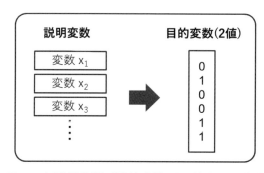

図2．ロジスティック回帰分析（目的変数が2値を取る場合の回帰モデル）

### 3-2．ロジスティック回帰モデル

ロジスティック回帰分析は，重回帰分析を拡張したものと考えることができる．重回帰分析の場合の予測式は，以下の通りであった．

$$y = a + \beta_1 x_1 + \beta_2 x_2 + \beta_3 x_3 \cdots$$

ロジスティック回帰分析では，この目的変数Yを，あるイベントの起こる確率$p$（例：病気になる確率）に置き換え，さらに次のように変換（ロジット変換）する（右辺は同じまま）．

$$\ln\left(\frac{p}{1-p}\right) = a + \beta_1 x_1 + \beta_2 x_2 + \beta_3 x_3 \cdots$$

予測式の左辺は，$p$のロジットまたは対数オッズといい，$p$を$1-p$で割って，自然対数を取ったものである．

オッズは，あることが起こる確率（$p$）を，それが起こらない確率（$1-p$）で割ったものであるため，ロジスティック回帰分析における左辺を以下の式に変形することでオッズが算出できる．

$$\frac{p}{1-p} = \exp(a + \beta_1 x_1 + \beta_2 x_2 + \beta_3 x_3 \cdots)$$

### 3-3. ロジスティック回帰分析での偏回帰係数の意味

ロジスティック回帰分析では，回帰係数からオッズ比が計算できる。回帰係数の推定には，最尤法によって計算される。自然対数 e の回帰係数 $\beta$ 乗することで，説明変数のオッズ比となる。説明変数が 1 つの場合は粗オッズ比，説明変数が複数ある場合は，ほかの影響を取り除いて評価できるという意味から，調整済みオッズ比と呼ばれる。

具体的な例に基づくと，被験者 40 人（男女比 1：1）に対し，心血管疾患の発現の有無，性別，HDL 値を調査し，心血管疾患の発症に，HDL が影響を及ぼすかどうかを性別による影響を排除して調べたいとする。そこで，目的変数を心血管疾患の発症の有無，説明変数を性別，HDL 値としてロジスティック回帰分析を行った結果，表 3 となった。ただし，性別は女性で 1，男性で 0 を取るダミー変数とする。

表 3. ロジスティック回帰の結果

| 変数 | 推定値 | 標準誤差 | p 値 |
|---|---|---|---|
| 切片 | 6.789 | 1.934 | 0.0004 |
| 性別 | -0.424 | 0.048 | 0.659 |
| HDL | -0.324 | 0.482 | 0.0007 |

| 変数 | オッズ比 | 下側 95% | 上側 95% | p 値 |
|---|---|---|---|---|
| 性別（男/女） | 1.53 | 0.23 | 10.14 | 0.65 |
| HDL | 0.85 | 0.77 | 0.93 | ＜0.05 |

この結果から，推定された回帰式は以下の通りとなる。ここでは，心疾患になる確率を $p$ としている。すなわち $1-p$ は心疾患にならない確率である。

$$\ln\left(\frac{p}{1-p}\right) = 6.78 - 0.424 \times 性別 - 0.324 \times HDL$$

回帰式より，偏回帰係数の前の符号がマイナスなので，女性であること，HDL の値が上昇することは，心疾患の発症のリスクが低くなることがわかる。偏回帰係数の p 値を見ると HDL では有意水準 5％で統計的に有意となったが，性別は 0.65 と有意になっていない。これは，今回のデータでは目的変数に対して性別は影響のない説明変数であったと解釈できる（推定値が -0.212 となったのは偶然の可能性がある）。

次に，HDL のオッズ比は，0.85 と推定された。前述の通り，実際に HDL の偏回帰係数

からexp(0.324)を計算することで0.85となっていることが確認できる。HDLのオッズ比が0.85なので，性別の影響を補正（調整）した場合，HDLが1単位増加するとオッズ比が0.85倍になると解釈でき，心血管疾患になりにくくなることが示唆された。

通常，ロジスティック回帰分析におけるオッズ比は，95％信頼区間とともに結果を示す。$p$値も同時に出力されるが，オッズ比の95％信頼区間が1を含まない場合，有意水準5％で統計的に有意となる。逆に1が含まれていれば有意にならない。ロジスティック回帰分析の結果を評価する上では，どれほど統計的に有意かよりも，どのくらいの信頼区間の幅があるか（どれくらいの関連の大きさであるか）が重要となる。

## 4. 説明変数の選び方

回帰分析を実行する過程において，どの程度説明変数をモデルに含めるかは，精度の高い回帰式を導く上で重要である。特に，前述の通り，説明変数間の多重共線性の問題を考えると，多くの説明変数をモデルに含めることで回帰式が不安定になるだけでなく，煩雑になり実際に役立てにくい。したがって，有効な変数と不要な変数を選別し，最適な回帰式を探索することは，多変量解析を適用する上で必要なことである。

説明変数の選択方法として，さまざまな方法があるが，これまでは観測データ（収集したデータ）を見て，最も有意差が出やすくなるように変数を選択する方法が多用されてきた。たとえば，比較試験等において各変数を群間で$t$検定やカイ二乗検定などで比較し，有意差が出たもの，または$p$値が小さいものをモデルに加えることである。また，ステップワイズ法を用いて，有用な変数と不要な変数をコンピュータで自動判別し，モデルが最も有意となるような変数を選択する方法などがあった。ステップワイズ法とは，各偏回帰係数の$p$値の値に基づいて，有用な変数と不要な変数を振り分ける方法であり，変数増加法，変数減少法，変数増減法などがある。

このような変数選択を行った場合の問題点の一つとして，類似の研究を他の研究者が繰り返した場合，得られたデータによって選択する説明変数が異なってくるため，研究ごとに全く異なる結果が出てしまい信頼性のある結果が不明確となることがある。また，分析者の医学的判断や専門知識は考慮されないことから，選択された予測式が実用的な観点からは最良ではない可能性も生じる。

近年，このような方法は医学分野で推奨されておらず，一部の海外誌ではステップワイズ等の方法を使用しないように指示されている。そこで現在の多くの研究では，研究計画段階で，先行研究や医学的見地から意味のある説明変数を事前に決めておき，解析段階でデータを一切見ることなくあらかじめ決めておいた説明変数を選択する方法が推奨されている。ただし，研究の対象者数が少ない場合に，多数の説明変数をモデルに採用することは困難であるため，研究の規模や内容に応じてあらかじめ採用する説明変数の数も見積

もっておくことも重要となる。

### 問題と解答

問題 1. 男性 1000 人の BMI と収縮期血圧との関係を調べるために，収縮期血圧を目的変数 Y，BMI を説明変数 $X_1$，年齢を説明変数 $X_2$ とする重回帰分析を行ったところ，回帰式は $Y=100+1.5 X_1+ 0.5 X_2$ と推定され，有意水準 5% で棄却された。この重回帰分析の結果を正しく解釈せよ。

**解答**

年齢の影響を除いた場合（年齢とは独立）に，BMI が 1 大きいと収縮期血圧は 1.5mmHg 高いという有意な直線的関係がある。また，BMI の影響を除いた場合（BMI とは独立）に，年齢が 1 歳高いと収縮期血圧は 0.5mmHg 高いという直線的な関係がある。

問題 2. 飲酒習慣と食道がんとの関連を調べるため食道がん患者と非食道がん患者を対象に症例対照研究を実施し，得られたデータを基に多重ロジスティック回帰分析を行った。その結果，下記の通り結果が得られた。この結果の解釈を述べよ。

| 説明変数 | オッズ比（95%信頼区間） |
|---|---|
| 飲酒量 | |
| 　1日2合未満 | 1　reference:基準群 |
| 　1日2合以上 | 2.52（1.60-3.90） |
| 最もよく飲むお酒の種類 | |
| 　ビール | 1　reference:基準群 |
| 　ワイン | 1.04（0.70-1.42） |
| 　日本酒 | 1.13（0.81-1.68） |
| 　ウイスキー | 3.15（2.11-4.55） |

※年齢、性別はモデルに含めて調整済み

**解答**

・年齢と最もよく飲むお酒の種類の影響を調整すると，飲酒量が 2 合以上の者は，2 合未満の者より食道がんリスクが 2.52（1.60-3.90）倍高い。

・年齢と飲酒量の影響を調整すると，ウイスキーを最もよく飲む者は，ビールの者と比較して食道がんリスクが 3.15（2.11-4.55）倍高い。

第2章●応用編

# 3. 生存時間解析法

**KEY WORD** 生存率，カプランマイヤー法，ログランク検定，一般化ウィルコクソン検定，コックス回帰分析，比例ハザード性

## 1. 生存時間解析法

　医療分野において，患者・被験者に対して医薬品の投与や何らかの介入を与えることによって引き起こされる反応（イベント）は，あらかじめ決められた一定期間の中で追跡され，反応の発生の有無と反応までの時間の両方が観察されることが一般的である。

　たとえば臨床試験では，被験者が試験に組み入れられた後に，試験期間中に被験者に発現したイベント（死亡，疾患への罹患，治癒など）を観察する。その際，発現の有無とともに，発現までの時間も同時に記録されている。また，臨床試験では，試験期間内にイベントが発現しない被験者，試験の途中で転院・転居，同意撤回などの理由で追跡不能となる場合もある。このように，被験者が追跡できなくなった場合を打ち切り（censor）という。被験者の打ち切りが生じた場合，イベント発生までの時間は不明となるが，「観察期間中（打ち切りまで）にイベントが起こらなかった」という情報は手に入る。特に試験期間が長期にわたる研究であれば，イベントを発現する被験者数は増えるが，一方で追跡不能者となる被験者も増加する可能性が高まる。このような試験を行ったとき，イベントの発現率や平均的な生存時間を計算し，群間（たとえば，介入群と非介入群，実薬群とプラセボ群）で比較する場合，このような追跡不能者（打ち切り例）のデータを適切に処理しないと，イベントの発現率やイベント発現までの時間を過少評価・過大評価する恐れがある。

　生存時間分析（survival analysis）は，何かが起こるまでの時間を分析する方法であり，保健医療分野以外でも，機器や商品が故障するまでの時間について，その原因が何なのかを解析することを目的としても利用されている。生存時間分析という名前ではあるが，ある時点から観察すると決めた事象（＝イベント）が発生するまでの時間のことを便宜上「生存時間」と呼んでおり，生死のみを扱うわけではない。たとえば「治療を行ってから再発までの期間」や「退院から再入院までの期間」なども生存時間として扱う。

本節では，生存時間分析の代表的な手法として，カプランマイヤー法（Kaplan-Meier法）とログランク検定および一般化ウィルコクソン検定，生存時間分析の多変量モデルであるコックス比例ハザード分析について概説する。

## 2. 生存曲線

生存曲線とは，治療や介入等を行った後の患者のイベント発生率をグラフにしたものである。死亡をアウトカムとした場合を例にすると，研究開始時点より一定期間ごと（週，月）に，ある患者集団の生存割合を記録し表にプロットしていくと，その変化を視覚的に捉えることができる。このようにしてプロットしたものを生存曲線と呼ぶ。生存曲線は，被験者の誰かが死亡するまでは被験者数は一定であるため，プロットした線は階段状になる。図1に肺がん切除例の臨床病期別生存曲線を示す。グラフより時間の経過とともに生存率が階段状に低くなっていることがわかる。さらに，生存曲線を異なる病態（図ではがんの進行度）で比較すると，生存率に差があることがわかり，肺がんの病期が進行しているほど，時間の経過により生存率が低下していることが視覚的に理解できる。

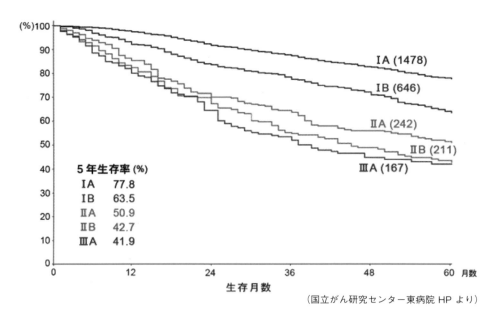

（国立がん研究センター東病院HPより）

図1．肺がん切除例の臨床病期別生存曲線

## 3. カプランマイヤー法

生存曲線を記述する方法として，生存時間を含むデータからカプランマイヤー法を用いて推定することが一般的である。カプランマイヤー法は，生存時間データに基づいて時間

における生存率を計算するための一つの方法である。

生存曲線の記述方法として，ここでは被験者7人の生存時間データ（**表1**）を用いてカプランマイヤー法の計算を例解する。なお，表1における被験者4と被験者6は打ち切り例であり，それぞれ24ヵ月，44ヵ月目までの生存が確認されている。残りの被験者は死亡までの生存時間が記録された。

**表1．被験者7名の生存時間データ**

| 被験者番号 | 生存時間（月） | | 死亡・打ち切り結果 | |
|---|---|---|---|---|
| 1 | $t(1)$ | 6 | 死亡 | $\delta(1)=1$ |
| 2 | $t(2)$ | 12 | 死亡 | $\delta(2)=1$ |
| 3 | $t(3)$ | 12 | 死亡 | $\delta(3)=1$ |
| 4 | $t(4)$ | 24 | 打ち切り | $\delta(4)=0$ |
| 5 | $t(5)$ | 32 | 死亡 | $\delta(5)=1$ |
| 6 | $t(6)$ | 44 | 打ち切り | $\delta(6)=0$ |
| 7 | $t(7)$ | 60 | 死亡 | $\delta(7)=1$ |

カプランマイヤー法に基づく生存率の推定値$\hat{s}(t)$は，標本サイズ（被験者数）を$n$，昇順の$i$番目の生存時間の観測値$t(i)$，時間$t$における生存率を$s(t)$とすると，次の式で与えられる。

$$\hat{s}(t) = \prod_{t(i) \leq t} \left( \frac{n-i}{n-i+1} \right)^{\delta(t)}$$

$\delta(t)$は昇順の第$i$番目の観察値が打ち切りであるときに「0」，打ち切りでないときに「1」を取る指数関数である。この式の基づき生存率の推定値$\hat{s}(t)$を計算すると**表2**の結果となる。

**表2．カプランマイヤー法による生存率の推定**

| 時間区間 | 生存率 $\hat{S}(t)$ |
|---|---|
| $0 \leq t < 6$ | $\hat{S}(t) = 1.0$ |
| $6 \leq t < 12$ | $\hat{S}(t) = \left(\frac{7-1}{7-1+1}\right)^1 = \frac{6}{7} = 0.857$ |
| $12 \leq t < 24$ | $\hat{S}(t) = \left(\frac{7-1}{7-1+1}\right)^1 \left(\frac{7-2}{7-2+1}\right)^1 \left(\frac{7-3}{7-3+1}\right)^1 = \frac{6}{7} \times \frac{5}{6} \times \frac{4}{5} = 0.571$ |
| $24 \leq t < 32$ | $\hat{S}(t) = \left(\frac{7-1}{7-1+1}\right)^1 \left(\frac{7-2}{7-2+1}\right)^1 \left(\frac{7-3}{7-3+1}\right)^1 \left(\frac{7-4}{7-4+1}\right)^0 = \frac{6}{7} \times \frac{5}{6} \times \frac{4}{5} \times 1 = 0.571$ |
| $32 \leq t < 44$ | $\hat{S}(t) = \left(\frac{7-1}{7-1+1}\right)^1 \left(\frac{7-2}{7-2+1}\right)^1 \left(\frac{7-3}{7-3+1}\right)^1 \left(\frac{7-4}{7-4+1}\right)^0 \left(\frac{7-5}{7-5+1}\right)^1 = 0.380$ |
| $44 \leq t \leq 60$ | $\hat{S}(t) = \left(\frac{7-1}{7-1+1}\right)^1 \left(\frac{7-2}{7-2+1}\right)^1 \left(\frac{7-3}{7-3+1}\right)^1 \left(\frac{7-4}{7-4+1}\right)^0 \left(\frac{7-5}{7-5+1}\right)^1 \left(\frac{7-6}{7-6+1}\right)^0 = 0.380$ |
| $60 \leq t$ | $\hat{S}(t) = \left(\frac{7-1}{7-1+1}\right)^1 \left(\frac{7-2}{7-2+1}\right)^1 \left(\frac{7-3}{7-3+1}\right)^1 \left(\frac{7-4}{7-4+1}\right)^0 \left(\frac{7-5}{7-5+1}\right)^1 \left(\frac{7-6}{7-6+1}\right)^0 \left(\frac{7-7}{7-7+1}\right)^1 = 0$ |

表2の生存率を95％信頼区間とともに描くと**図2**となる。この階段状の線をカプランマイヤー曲線という。図2における実線は生存率の推定値を，点線は95％信頼区間をそれぞれ表している。0ヵ月時点ではすべての被験者は生存しているため，カプランマイヤー曲線の始点は1（または100％）となる。その後，時間の経過とともに死亡する被験者が出るので，カプランマイヤー曲線は階段状に低下していく。途中，打ち切りが発生した場合は，生存率は変化せず一定のままとなる。

生存率の95％信頼区間はGreenwoodの公式を用いて標準誤差を求めることによって計算できる。カプランマイヤー推定量$\hat{S}(t)$の標準誤差$S$は，次の式で与えられる。

$$SE = \hat{S}(t)\sqrt{\sum_{t_{(i)} \leq t} \frac{\delta_{(i)}}{(n-i)(n-i+1)}}$$

得られた標準誤差から95％信頼区間（1.96×標準誤差）を推定することができる。

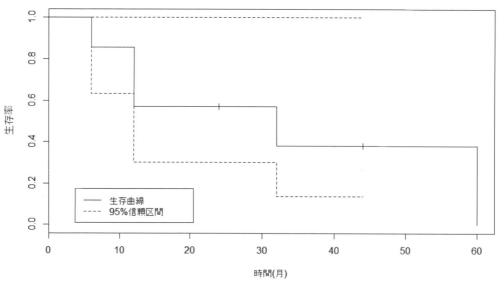

図2．カプランマイヤー法による生存率の推定値プロット

## 4. ログランク検定と一般化ウィルコクソン検定

カプランマイヤー法により描かれた生存曲線からイベント発生率の変化を視覚的に把握することができる。しかし，異なる群間で全体的なイベント発生率を比較し，群間で差があるかどうかを判断することはできない。このように異なる生存曲線を統計的に比較する代表的な解析手法として，ログランク検定や一般化ウィルコクソン検定がある。

ログランク検定では，大雑把に言えば，イベントが観察された時点で，群とイベン

ト非発生/イベント発生数の2×2分割票を作成しカイ2乗統計量を計算し，これらを Mantel-Haenszel 検定のやり方で統合したログランク検定統計量を計算する。ログランク検定の結果，$p$値があらかじめ設定した有意水準よりも小さい場合，群間でのイベント発生率は統計的に有意な差があったと解釈できる。

　ログランク検定と一般化ウィルコクソン検定の違いは，ログランク検定では，各時点でのカイ2乗検定の統合において，すべての重みを等しくしているのに対し，一般化ウィルコクソン検定では各時点直前のイベント非発生数で重み付けしている。要するに，ログランク検定では，時点ごとに平等に足し算をするという考え方（どの時点でのイベントの発生も同等）であり，一般化ウィルコクソン検定では，時間の経過とともに被験者数（イベント非発生者）は少なくなるので被験者の多い初期の時点の重みを大きく，被験者の少ない後ろは重みが小さくなるような考え方である。したがって，生存曲線を描いたとき，時間が経過するほどイベント発生率の群間差が開く場合に対しては一般化ウィルコクソン検定よりログランク検定で有意差がつきやすくなり，一方，早い時期ではイベント発生率に差があるが，時間の経過とともに差がなくなっていく場合に対しては，一般化ウィルコクソン検定で有意差がつきやすくなる。

## 5. 生存時間分析の多変量解析

　カプランマイヤー法やログランク検定と一般化ウィルコクソン検定は，生存時間に影響を与える因子を加味しない生存時間データにおける群間のイベント発生率を比較する手法である。実際の臨床研究では，イベント発生までの時間情報に加えさまざまな影響因子に関する情報も同時に観察されていることが多い。ここでは，イベントが発生するまでの時間という目的変数を複数の説明変数で予測する重回帰モデルの一つであるコックス比例ハザード分析について概説する。コックス比例ハザード分析はロジスティック回帰分析と同様に重回帰分析を拡張したものと考えることができる。通常のランダム化比較試験や前向き観察研究等では，カプランマイヤー法やログランク検定と併せてコックス比例ハザード分析を用いた解析を行うことが一般的である。

## 6. コックス比例ハザード分析

　コックス比例ハザード分析は，時間の経過で発生する「生or死」「発症or未発症」などのイベントに対して，調査した複数の項目の何が影響するかを調べるための統計的手法であり，数理的に，ロジスティック回帰分析と非常に似ている。ロジスティック回帰分析との違いは，時間の経過で発生するという，時間的な要素を考慮している点である。コックス比例ハザード分析では，共変量（重回帰分析でいう説明変数）については分布を仮定するが，

生存時間分布は特定の分布の仮定を設けないためセミパラメトリックモデルと呼ばれている。

コックス比例ハザード分析は次の式で定義される。

$$h(t|x_1, x_2, \cdots, x_n) = h_0(t)\exp(\beta_1 x_1 + \beta_2 x_2 \cdots + \beta_n x_n)$$

ここでは，$h(t)$は特定の人のハザード関数，$t$は時間，$x_1, x_2, \cdots, x_n$は共変量である。このモデルは生存時間を目的変数とした回帰モデルであり，共変量がすべて0である場合のハザードをベースラインハザードと呼ぶ。コックス比例ハザード分析はこのベースラインハザードを基準とした分析手法である。式中のパラメータ$\beta$（回帰係数）は推定すべき未知のパラメータであり，推定したパラメータ$\beta$を指数化した$\exp(\beta)$を計算することで，それに対応する変数の相対危険度が得られる。説明変数が2つ以上の場合は，ある1つの$\beta$を指数化するとその方程式の他のすべての予測変数で補正した相対危険度が得られる。一般的にコックス比例ハザード分析はSASやRといった統計ソフトウェアにより分析を行う。

## 7. ハザード比について

ハザードとは，瞬間死亡確率のことを差し，「時間$t$まで生存」の条件下で，次の瞬間に死亡が起こる確率である。年齢階級別死亡率を例に取ると，60歳死亡率を考えると，60歳で死亡するためには60歳まで生存している必要があり，その条件下で次の1年間のうちに死亡する確率が60歳死亡率となる。この1年間という単位時間を極限まで小さくしたものがハザードであり，瞬間死亡確率という言葉で用いられていることが多い。

ハザード比とは2群間のハザードの比であり，一方の群を基準として，他方の死亡確率が何倍高いのかを示す。たとえば，ある臨床試験において男性における新薬群と従来薬群とで薬の有効性を比較しようとした場合のコックス比例ハザード分析を考える。先ほどの式のうち，共変量$x_1$を群（新薬群：1，従来薬群：0）とする。$x_2$を性別（男：0，女：1）とした場合，男性における新薬群と従来薬群のそれぞれのハザードは，次の通りとなる。

男性の新薬群のハザード　　　$h(t) = h_0(t)\exp(\beta_1 \times 1 + \beta_2 \times 0)$

男性の従来薬群のハザード　　$h(t) = h_0(t)\exp(\beta_1 \times 0 + \beta_2 \times 0)$

これらの式の比を取ると，$h_0(t)$が分母分子からキャンセルされるため，男性における従来薬群に対する新薬群のハザード比は$\exp(\beta)$として算出でき，従来薬群と比較してイベントの発生確率が$\exp(\beta)$倍になると解釈できる。

## 8. 比例ハザード性の仮定と評価

　コックス比例ハザード分析では，比較する群間のハザード比が観察期間のどの時点でも一定であるという仮定を置いている。これを比例ハザード性という。たとえば，ある臨床試験において試験開始後1年目の実薬群とプラセボ群のハザード比が2倍であった場合，2年目のハザード比も2倍でなければならないという仮定である。ただし，ハザード比が一定であるという仮定は，ハザードそのものの値が全時間一定であることではなく，群間のハザード比が一定であることに注意する必要がある（**表4**）。コックス比例ハザード分析では，この比例ハザード性の仮定を満たしていることが重要な適応条件であり，時間によってハザード比が変化する場合にコックス比例ハザード分析を適応すると正しいパラメータが推定されない。

表4. 比例ハザード性の例

|  | 試験開始1年目 | 試験開始2年目 |
|---|---|---|
| 既存薬ハザード | 0.1 | 0.4 |
| 新薬ハザード | 0.05 | 0.2 |
| ハザード比 | 2 | 2 |

　比例ハザード性の仮定を検討する最も単純な方法は，カプランマイヤー法によって描いた生存曲線を利用することである。比例ハザード性の仮定が満たされている場合，生存曲線の群間の差は一定の割合で開いていく。一方，群間の生存曲線の開きが一定でなかったり，生存曲線同士が交差するような場合は，比例ハザードの仮定が満たされていない可能性が高いと判断する。より高度な方法で比例ハザード性が満たされているかを評価したい場合は，モデルを検定する方法などもある。モデルによる検定を用いた方法についてはより専門的な書籍を参照されたい（中村剛：Cox比例ハザードモデル，朝倉出版，2001，ほか）。

## 9. コックス回帰分析の使用例と結果の解釈

　**表5**はGehanの白血病治療データであり，42人の白血病患者を，抗がん薬6-MP投与群とプラセボ投与群にそれぞれランダムに割り付け治療を行い，寛解が続いている期間を観察したものである（Gehanの白血病治療データは有名なデータであり，プリンストン大学のホームページからデータが公開されている）。このデータについて，カプランマイヤー法に基づく生存率（非再発率）の推定値をプロットしたものが**図3**であり，コックス比例ハザード分析によりプラセボ投与群に対する6-MP投与群のハザード比を推定した主要な結果は，**表6**の通りである。

表5. Gehanの白血病治療データ

| ID | 群 | 週 | 再発 | ID | 群 | 週 | 再発 |
|---|---|---|---|---|---|---|---|
| 1 | treatment | 6 | 1 | 22 | control | 1 | 1 |
| 2 | treatment | 6 | 1 | 23 | control | 1 | 1 |
| 3 | treatment | 6 | 1 | 24 | control | 2 | 1 |
| 4 | treatment | 6 | 0 | 25 | control | 2 | 1 |
| 5 | treatment | 7 | 1 | 26 | control | 3 | 1 |
| 6 | treatment | 9 | 0 | 27 | control | 4 | 1 |
| 7 | treatment | 10 | 1 | 28 | control | 4 | 1 |
| 8 | treatment | 10 | 0 | 29 | control | 5 | 1 |
| 9 | treatment | 11 | 0 | 30 | control | 5 | 1 |
| 10 | treatment | 13 | 1 | 31 | control | 8 | 1 |
| 11 | treatment | 16 | 1 | 32 | control | 8 | 1 |
| 12 | treatment | 17 | 0 | 33 | control | 8 | 1 |
| 13 | treatment | 19 | 0 | 34 | control | 8 | 1 |
| 14 | treatment | 20 | 0 | 35 | control | 11 | 1 |
| 15 | treatment | 22 | 1 | 36 | control | 11 | 1 |
| 16 | treatment | 23 | 1 | 37 | control | 12 | 1 |
| 17 | treatment | 25 | 0 | 38 | control | 12 | 1 |
| 18 | treatment | 32 | 0 | 39 | control | 15 | 1 |
| 19 | treatment | 32 | 0 | 40 | control | 17 | 1 |
| 20 | treatment | 34 | 0 | 41 | control | 22 | 1 |
| 21 | treatment | 35 | 0 | 42 | control | 23 | 1 |

群; treatment: 6-MP群、control:プラセボ群

再発；再発あり：1、再発なし：0

参照データ：http://data.princeton.edu/wws509/datasets/gehan.dat

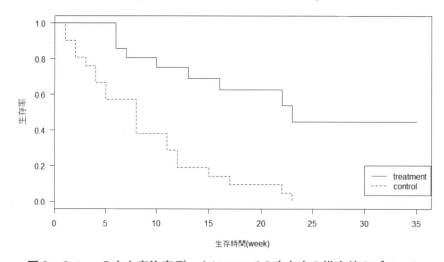

図3. Gehanの白血病治療データについての生存率の推定値のプロット

表6. コックス回帰分析の結果

| 変数 | 推定値 $\beta$ | $\exp(\beta)$ | 下限95% | 上限95% | $P$値 |
|---|---|---|---|---|---|
| 治療群 | 1.57 | 4.82 | 2.15 | 10.8 | 0.00014 |

　カプランマイヤー法に基づく生存率の推定値のプロットの結果から，視覚的に6-MP投与群の寛解の時間が長いことがわかる。また，生存曲線の時点ごとの開きもおおむね一定であると考えられ，比例ハザード性の仮定が満たされていると判断できる（厳密には開きに違いが見られるが，実臨床のデータで完全に一致することはまずあり得ない）。表6のコックス比例ハザード分析の結果から，$\exp(\beta)$の値が両群間のハザード比の推定値となるため，6-MP投与群と比較してプラセボ投与群では再発ハザードが4.82倍（95％信頼区間：2.15-10.8）高いと考えられ，6-MP投与は有意に再発を抑制する効果を持つと解釈できる。

　ここで，仮にこのデータに群以外の変数（たとえば年齢や重症度）が含まれていたとすると，これらを共変量としてコックス比例ハザード分析を行って推定されたハザード比は，重回帰分析のときと同じように，他の要因は変化させず特定の要因だけ変化させたときのハザード比となる。これを調整ハザード比という。

　コックス比例ハザード分析では，推定値の有意確率（$p$値）よりもハザード比の信頼区間が重要である。ハザード比の信頼区間が1を含まない場合，有意水準5％で統計的に有意となる。つまり，ハザード比は，統計的にどの程度有意かどうかよりも，どのくらいの範囲の関連の大きさであるかのほうが重要となる。


## 問題と解答

**問題1．** 5人にある薬を投与した結果（観察期間：12ヵ月），下表のような生存時間データを得た。このような結果において，カプランマイヤー法を用いて生存曲線を描け。

| 患者番号 | 時間（月） | 結果 |
|---|---|---|
| 1 | 2 | 死亡 |
| 2 | 5 | 死亡 |
| 3 | 7 | 打ち切り（脱落） |
| 4 | 10 | 死亡 |
| 5 | 12 | 打ち切り（観察期間終了） |

**解答**

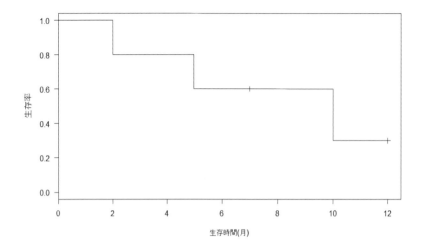

　カプランマイヤー曲線の公式より，死亡が生じた時点で生存率を起算する．それらをプロットすることで上記の曲線が描ける．図中の縦線は打ち切りの発生を表している．


**問題2．次のうち正しいものを選べ．**

a）ログランク検定は，生存関数に差があるかを判定する検定手法である．
b）コックス回帰分析の適応条件は，観察期間を通じてハザード比が一定であることである．
c）生存曲線が交差している場合，比例ハザード性が成り立つため，コックス回帰分析が適応できる．
d）「薬Aの薬Bに対するイベント発生のハザード比が0.68」という結果は，「薬Aは薬Bよりイベント発生リスクが32％減る」と解釈できる．
e）ハザード比の95％信頼区間が1を含む場合，有意水準5％の下で推定値は統計学的に有意となる．

**解答　a，b，d**
　a　：本節4項を参照．
　b，c：本節8項を参照．
　d，e：本節9項を参照．

第2章●応用編

# 4. 疫学概論

**KEY WORD** 記述疫学，分析疫学，比，割合，率，罹患率，有病率，オッズ比，感度，特異度，ROC曲線

## 1. 疫学とは

　疫学とは，特定の集団における健康に関する状況や事象（疾病や死亡等）の頻度や分布を調査し，またそれらに影響する因子との関連を検討する研究分野である。疫学研究の歴史は，1850年代にジョン・スノウがロンドンにおけるコレラの流行の原因を明らかにしたことから始まり，時代の変遷とともに扱う領域も急性期の感染症から慢性の感染症や非感染症へと広がり，現在では，循環器疾患，がん，生活習慣病，難病，精神疾患などさまざまな分野で疫学手法を用いた研究が発展している。疫学における研究手法は，公衆衛生領域にとどまらず，治験や市販後調査などの医薬品開発，患者に対する治療効果，疾患の予後因子の探索，健康増進プログラムの評価，行政サービスの評価などでも用いられている。

　疫学は英語で「epidemiology」と呼ばれるが，この語源は，epi（上に），demi（民衆：demos），ology（学問）に由来し，「人々（人間集団）の上で何が起こっているかを明らかにする学問」という意味になっている。したがって疫学は，個人レベルではなく集団レベルの学問であることが特徴である。

## 2. 疫学の病因論モデル（etiological model）

　古典的な疫学では，疾病の発生に関わる要因を，病因（agent），宿主要因（host），環境要因（environment）に分けて考えていた（疫学の三角形モデル epidemiologic triangle：図1-a）が，実際には多数の要因が複雑に関係し合っている場合が多く，宿主をさまざまな環境要因が取り巻くとする見方も提案されている（車輪モデル wheel model：図1-b）。車輪モデルにおける各要因は相加的に作用するだけでなく相乗的・拮抗的に作用している。疫学では，さまざまな要因のうち疾病の発生を高める要因を危険因子（risk factor），発生

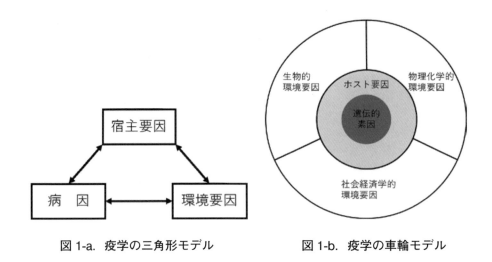

図 1-a. 疫学の三角形モデル　　　図 1-b. 疫学の車輪モデル

を低める要因を予防因子（preventive factor）という。

## 3. 疫学研究の種類

　疫学研究は，研究対象を単に観察するか，何らかの介入を行うかによって「観察研究」と「介入研究」に大別される。観察研究では，集団において発生している曝露や疾病発生に対して研究者が手を下さず（介入を行わず），その状況を観察する。これに対して介入研究では，曝露状況を研究者が操作する（介入を行う）ことでコントロールし，その後の疾病発生頻度が変化するかを検討するものである。

　観察研究はさらに，仮説の設定を目的とする「記述疫学研究」と，仮説の検証を目的とする「分析疫学」に分かれる。分析手法としては，研究対象や目的により，生態学的研究，横断研究，症例対照研究，コホート研究などの疫学研究デザインがある（図2）。疫学研究

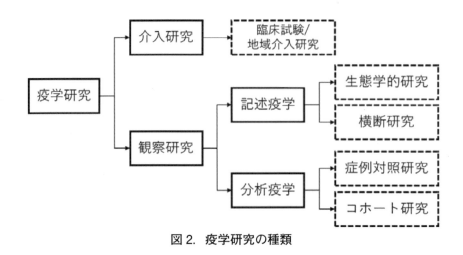

図 2. 疫学研究の種類

図3. 疫学研究のサイクル

デザインの中で，最もエビデンスレベルが高い（因果関係を証明する能力）デザインは介入研究であり，次いでコホート研究，症例対照研究，横断研究，生態学的研究の順に続く（ただし，介入研究が困難な事例を扱う場合はこの限りではない）。疫学研究を実施する際の手順としては，第1段階に記述疫学（現状の記述，仮説の設定），第2段階に分析疫学（仮説の検証），第3段階に介入研究（発生機序の解明，因果関係の決定）のサイクルで行うことが重要である（図3）。特に介入研究は，倫理的配慮や研究にかかる費用や労力が大きいため，介入研究を実施する上で十分な仮説の検証が事前に行われている必要がある。

## 4. 記述疫学（descriptive epidemiology）

記述疫学とは，集団における疾病の頻度と分布を「人（性，年齢，人種，職業など）」「時間（年次推移，季節変動など）」「場所（国際比較，地域差など）」の観点から客観的に記述し，疫学特性の解明や疾病発生要因について仮説を立てることであり，疫学研究の第1段階である。記述疫学では，4つのW（What：何が，Who：誰が，Where：どこで，When：いつ）を明確化することを目的とする。たとえば，がん登録データを用いた実態把握（性別，年齢，地域差，年次変化）は記述疫学であり，これらの結果から発生要因に関する仮説のヒントを示唆する。記述疫学の種類には，生態学的研究や横断研究等がある。

## 5. 分析疫学（analytical epidemiology）

分析疫学は，記述疫学で得られた，仮説（曝露と疾病との関連等）を検証し，要因の因

果性を推定する方法である。すなわち，記述疫学によって得られた4つのWに基づき「Why：何故」を追求する。分析疫学の種類には，症例対照研究，コホート研究等がある（生態学的研究，横断研究が分析疫学で利用される場合もある）。

## 6. 疫学指標

疫学指標の基本構造概念としては，割合（proportion），比（ratio），率（rate）がある。

①割合（proportion）

割合とは，全体の中で特定の特徴を持つものが占める部分の大きさで，たとえばA市における成人全員の中での喫煙者の割合などがこれに該当する。分子が分母に含まれ，値は0から1の間に分布するため，100倍して百分率（％）で示されることもある。

$$割合 = \frac{a}{a+b}$$

a：特定の特徴を持つ者の数（例：喫煙者）
b：特定の特徴を持たない者の数（例：非喫煙者）

②比（ratio）

比とは，異なるもの同士を割り算で比較した者であり，たとえば，肺がんが男性に多いのか，女性に多いのかを示す場合などで用いられる。比は，0から無限大（∞）の間に分布する。

$$比 = \frac{a}{b}$$

a：一方の特徴を持つ者の数（例：男性の肺がん患者）
b：他方の特徴を持つ者の数（例：女性の肺がん患者）

③率（rate）

率とは，特定の期間に定義された集団内である事象が発生する頻度である。比の特殊形で分母が時間になったものであるため，事象が発生する速さを示す指標である。罹患率や死亡率などは率である。率も比と同様に0ら無限大（∞）の間に分布する。

$$率 = \frac{a}{b}$$

a：事象の発生数（例：肺がんの発症者数）
b：特定集団における観察期間の合計（例：5年）

# 7. 疾病・死亡の指標

疾病の発生状況を表す代表的な指標として罹患率・有病率があり，死亡に関する指標として，死亡率・生存率がある。

①罹患率（incidence rate）

罹患率とは，ある一定の期間にある疾患に罹患した人の数を，観察期間の総和（観察人年：person year）で割った値である。人年とは，観察した人数とその観察期間をかけたものであり，たとえば5年の観察期間に20人を観察したとすると，観察人年は100人年となる。罹患率は，疾病の発生を直接示す指標であることから，因果関係を調べる際に用いることができる。なお，罹患率の計算における分母は，原則として疾病を発生し得る人口（リスク人口：population at risk）のみに限定する必要がある。

$$罹患率 = \frac{一定期間内に新たに疾病を発生した者の数}{集団全員の観察期間の合計（人年）}$$

②有病率（prevalence rate）

有病率とは，ある一時点において疾病を有している者の割合であり，時点有病率ともいう。有病率は，ある一時点の調査で把握できるため，罹患率と比べ容易に計算できるが，疾病の発生状況を直接示さない。また，有病期間の短い（すぐに治癒する疾患）には適さない。

$$有病率 = \frac{集団内のある観察時点における疾病を有する者の数}{ある観察時点における集団の調査対象全員の数}$$

なお，罹患率と有病率の関係は，有病期間がほぼ一定である場合，以下の式のような関係が成立する。生活習慣病等のように有病期間が個人によって大きなばらつきがある場合は，以下の式は使えない。

$$有病率 = 罹患率 \times 有病期間 \quad （有病期間がほぼ一定である場合）$$

③死亡率（mortality rate）

罹患率における疾病発生数を死亡数に置き換えたものを死亡率という。

人口構成（年齢構成）の異なる集団同士の死亡率を比較する場合，基準人口を基にして年齢構成を同等（調整）にして算出した年齢調整死亡率や標準化死亡比（standardized mortality ratio，SMR）を用いる。日本では，年齢調整死亡率の基準人口として，「昭和60年モデル人口」を用いて標準化している。

標準化死亡比は，観察集団における年齢階級別の死亡率が不明の場合，基準人口の各年

齢階級の死亡率を用いて観察集団で期待される死亡数（期待死亡数）を求め，期待死亡数と実際の観察集団の死亡数の比を算出する。標準化死亡比は，基準死亡率と対象地域の人口を用いれば簡単に計算できるので地域比較等によく用いられる。

$$死亡率 = \frac{集団内のある観察期間における死亡者の数}{ある観察期間における集団の調査対象全員の数}$$

$$標準化死亡比 = \frac{観察集団における実際の死亡者の数}{（基準人口の年齢階級別死亡率 \times 観察集団の年齢階級別人口）の総和}$$

## 8. 疫学の効果指標

### ①相対危険度（リスク比）

相対危険度とは，危険因子に曝露された群（介入群）と非曝露群（非介入群）の疾病頻度（罹患率）の比である。曝露とは，ある疾病や健康状態に関連した有害または有益な要因にさらされることを意味する（例：喫煙，放射線，気候等）。相対危険度により，危険因子に曝露した場合，曝露しなかった場合に比べて疾病への罹患のリスクが何倍になるかがわかる。すなわち，疾病罹患と曝露との関連の強さを示すことができる。

$$相対危険度 = \frac{曝露群の発生割合}{非曝露群の発生割合}$$

### ②寄与危険度（リスク差）

曝露（介入）群と非曝露（非介入）群の発生割合の差を寄与危険度といい，曝露によって疾病への罹患のリスクがどれだけ増えたか，または，曝露がなければ罹患リスクがどれだけ減少するか，を示すことができる。このように寄与危険度は曝露因子の影響を取り除けば何人の罹患を予防可能かという集団に与える影響の大きさを示すことから，保健医療政策を検討する上では重要な指標である。なお，曝露（介入）によってリスクが低下する場合は，絶対リスク減少を求める（第1章「8. 臨床研究計画法とEBM」を参照）。

$$寄与危険度 = 曝露群の発生割合 - 非曝露群の発生割合$$

<相対危険度と寄与危険度の計算例>

| 要因 | 疾病 あり | 疾病 なし | 合計 |
|---|---|---|---|
| 曝露群 | a | b | a+b |
| 非曝露群 | c | d | c+d |

$$相対危険度 = \frac{a}{a+b} \div \frac{c}{c+d} \qquad 寄与危険 = \frac{a}{a+b} - \frac{c}{c+d}$$

$$絶対リスク減少 = \frac{c}{c+d} - \frac{a}{a+b}$$

#### ⑤オッズ比

オッズとは「見込み」のことであり，ある事象が起きる確率 $p$ の，その事象が起きない確率（$1-p$）に対する比を意味する。曝露群のオッズと非曝露群のオッズとを比で表した結果はオッズ比と呼ばれ，症例対照研究におけるオッズ比は，相対危険の近似値として用いられている。オッズ比は，1より大きければ要因と疾病の間に関連がある（疾患のリスクを高める）と解釈でき，1未満である場合，要因があると疾患が減少する（疾患のリスクが低くなる）と解釈することができる（オッズ比＝1の場合，関連がないことを意味する）。

$$オッズ比 = \frac{曝露群のオッズ}{非曝露群のオッズ}$$

<オッズ比の計算例（コホート研究の場合）>

| 要因 | 疾病 | | 合計 |
|---|---|---|---|
| | あり | なし | |
| 曝露群 | a | b | a+b |
| 非曝露群 | c | d | c+d |

$$曝露群のオッズ = \frac{a}{a+b} \div \frac{b}{a+b} = \frac{a}{b}$$

$$非曝露群のオッズ = \frac{c}{c+d} \div \frac{d}{c+d} = \frac{c}{d}$$

$$オッズ比 = \frac{a}{b} \div \frac{c}{d} = \frac{a \times d}{b \times c}$$

症例対照研究におけるオッズ比の計算では，曝露群を症例群，非曝露群を対照群と読み替えることで同様の計算式で求まる。

## 9. 検査の指標

　疾病の検査診断の目的は，疾患に罹患している者と罹患していない者とを識別することである。検査の有効性とは，疾病の罹患の有無をどの程度の正確さでふるい分けできるのかを指している。検査の有効性を測る指標として，感度，特異度がある。

　感度とは，「疾病に罹患している者を検査で正しく陽性と判定する割合」である。一方，特異度とは，「疾患に罹患していない者を正しく陰性と判定する割合」である。たとえば，ある疾患のスクリーニング検査によって，陽性と陰性が定性的に得られたものとすると，その疾患の罹患者と非罹患者については表1のように2×2表が作成できる。

**表1．検査結果と疾病の有無**

|  |  | 疾病 あり | 疾病 なし | 合計 |
|---|---|---|---|---|
| 検査 | 陽性 | a | b | a+b |
|  | 陰性 | c | d | c+d |
| 合計 |  | a+c | b+d | a+b+c+d |

　このときaは真陽性（疾患ありで検査結果も陽性），cは真陰性（疾患なしで検査結果も陰性），bは偽陽性（疾患なしだが検査結果で陽性：過剰診断），dは偽陰性（疾患ありだが検査結果は陰性：診断見逃し）である。

　すなわち，感度と特異度はそれぞれ，以下の式で表せる。

$$感度 = \frac{a}{a+c} \qquad 特異度 = \frac{d}{b+d}$$

　その他，検査陽性者の中で真に疾患ありの者の割合を陽性的中度（陽性予測値），検査陰性者の中で真に疾病なしの者の割合を陰性的中度（陰性予測値），疾病なしの者が陽性となる割合を偽陽性率，疾病ありの者が陰性となる割合を偽陽性率という。

$$陽性的中度 = \frac{a}{a+b} \qquad 偽陽性率 = \frac{b}{b+d} = 1 - 特異度$$

$$陰性的中度 = \frac{d}{c+d} \qquad 偽陰性率 = \frac{c}{a+c} = 1 - 感度$$

　通常，有病率の低い疾患の検査の場合，陽性的中率は低く，陰性的中率は高くなる傾向となり，逆に有病率が高い疾患の場合，陽性的中率は高く，陰性的中率は低くなる傾向と

なるため,対象とする疾患の集団内での有病率を把握する必要がある。なお,感度と特異度は有病率の変化に影響しないため,これらの指標がともに高い検査は有用であるといえる。

## 10. カットオフ値とROC曲線

検査が連続した数値を取る検査の場合,どこの値で陰性と陽性を区切るかによって判断が変わる。この陽性と陰性を分ける値のことをカットオフ値という。一般に,疾患の罹患と検査値との関係は完全には相関していないため,検査値の正常値の範囲内に疾病に罹患している者や,逆に検査異常値にもかかわらず疾病に罹患していない者も含まれたりする。そのため,カットオフ値をある値で設定したとしても,感度と特異度を100%にすることはできず,感度,特異度のいずれかを上げれば,もう一方が下がる,トレードオフの関係を取る。このトレードオフの関係をグラフとして表したものがROC曲線(Receiver Operator Characteristic Curve)と呼ばれる。ROC曲線は図4のように,縦軸を感度,横軸を1-特異度として描く。ROC曲線は,異なる検査法の有用性を比較する場合に用いられ,各検査のROC曲線の頂点が左上(感度,特異度ともに1)に近いほど優れた検査と判断できる。図の例では,検査Aが最も優れていると判断できる。

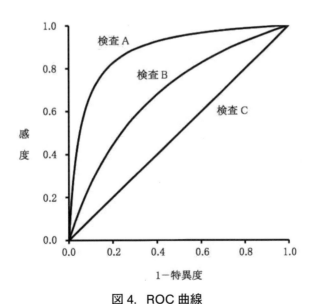

図4. ROC曲線

## 問題と解答

**問題 1.** 疫学に関して正しいものはどれか。

a）EBM の基礎的方法論
b）疾病の本当の原因を追究することだけが疫学の最も重要な課題である。
c）疫学では、疾病に罹患した者のみを対象として行う。
d）疫学の手法は疾病の予防には適応できるが、健康増進や臨床医学の領域には適応できない。

**解答　a**

a〜d：本節 1 項を参照。


**問題 2.** 割合はどれか。

a）A 市における高血圧患者の有病率
b）A 市における年間の肺がん死亡率
c）喫煙の肺がんに関する相対危険
d）喫煙の肺がんに関するオッズ比

**解答　a**

本節 6〜8 項を参照。


**問題 3.** 症例対照研究の結果を下表に示す。オッズ比を計算せよ。

|  | 喫煙あり | 喫煙なし | 計 |
|---|---|---|---|
| 胃潰瘍群 | 70 人 | 30 人 | 100 人 |
| 対照群 | 40 人 | 60 人 | 100 人 |
| 計 | 110 人 | 90 人 | 200 人 |

**解答　3.5**

p.127 のオッズ比の計算式より，

$$\frac{70}{40} \div \frac{30}{60} = \frac{70 \times 60}{40 \times 30} = 3.5$$

**問題 4.** ある疾患に関する検査結果を下表に示す。正しいのはどれか。

|  | 疾患あり | 疾患なし | 計 |
|---|---|---|---|
| 検査陽性 | 80 人 | 20 人 | 100 人 |
| 検査陰性 | 10 人 | 90 人 | 100 人 |
| 計 | 90 人 | 110 人 | 200 人 |

a) 感度は 80％である。
b) 特異度は 82％である。
c) 偽陰性率は 90％である。
d) 陽性的中度は 89％である。
e) 陰性的中度は 10％である。

**解答　b**

本節 9 項の計算式に基づいて計算すると，感度は 88.9％，偽陰性率は 11.1％，陽性反応的中度は 80％，陰性的中度は 90％となる。

# 第2章●応用編

# 5. 観察研究

**KEY WORD** 臨床研究, 観察研究, 介入試験, コホート研究, 症例対照研究, コホート内症例対照研究, 横断研, 時系列研究, バイアス, 交絡

## 1. はじめに

本節「5. 観察研究」と次節「6. 介入試験・メタアナリシス」は，いずれもヒトを対象とする研究，すなわち「臨床研究（clinical research, clinical study）」に属する。そのため本節では，はじめに「臨床研究」全般について，その定義と分類の概要を述べる。次いで「観察研究」の代表的な研究デザイン（コホート研究，症例対照研究，横断研究等）について説明し，観察研究で陥りやすいバイアスならびに交絡と，その制御法について述べる。

## 2. 臨床研究の定義と分類

### 2-1. 臨床研究の定義

臨床研究とは，「疾病の予防，診断方法及び治療方法の改善，疾病の原因及び病態の理解並びに患者の生活の質の向上を目的として実施されるヒトを対象とする医学系研究」である[1]。その研究範囲は医学に関する研究とともに，歯学，薬学，看護学，食品栄養学，リハビリテーション学，予防医学，健康科学等，多岐にわたる。また研究目的に関しても，調査で得られたデータから要因や疾病などの頻度や分布を明らかにする"仮説の設定や探索"を目的とした研究から，因果関係や効果など結果に及ぼす要因を分析し，"仮説の検証"を目的とした研究までさまざまである。

そもそも基礎研究において，試験管内や動物実験で新しい知見が得られたからといって，その結果を直ちにヒトに応用することを認めるわけにはいかない。また，医療現場における経験的事象（体験）だけで，科学的に説得力のある臨床的な法則を導き出したと認めるわけにはいかない。ヒトにおけるエビデンスは臨床研究により構築していく必要がある（第1章「8. 臨床研究計画法とEBM」を参照）。

臨床研究の対象は，被験者候補となる人自身だけではなく，個人を特定できる血液・尿等の人由来の材料（試料）および臨床検査や画像診断のデータが含まれる。そのため，被験者の人権・安全確保や個人情報保護といった倫理面での配慮がことさら，重要となる。被験者候補者に対する十分な説明と自由意思による文書同意（インフォームドコンセント）の実践が求められるとともに，個人情報保護においては被験者本人のみならず試料やデータに対しても漏えいしないよう，十分に注意を払わなければならない。

## 2-2. 臨床研究の分類

臨床研究は大きく，**観察研究**（observational study）と**介入試験**（interventional study）に分けられる（表1）[2]。観察研究は調査研究ともいわれ，人為的な介入を加えずに評価項目を調査する。調査の時間的な方向性としては，前向き（prospective），後ろ向き（retrospective）あるいは一時点と，いずれの場合もあり得る。一方，介入試験は臨床試験（clinical trial）ともいわれるように，人為的な介入を行い，前向きにデータを収集して評価する（次節「6. 介入試験・メタアナリシス」を参照）。言葉を換えていえば，観察研究は自然に存在する擬似的な実験的環境を利用しているのに対し，介入試験は科学的な実験的環境を人為的に作り出しているといえる。

表1. 臨床研究の分類[2]

| 観察研究（調査研究）<br>observational study<br>（自然に存在する擬似的実験的環境を利用する） | 介入試験（臨床試験）<br>interventional study<br>（人為的に実験的環境を作り出す） |
| --- | --- |
| ・縦断研究: longitudinal study<br>　（時間的な要素を含む研究）<br>　　・コホート研究: cohort study<br>　　　前向き研究（prospective study）<br>　　・症例対照研究: case-control study<br>　　　後向き研究（retrospective study, trohoc study）<br>・横断研究: cross-sectional study<br>　（調査時点での分布を示す研究）<br><br>・症例集積研究: case series<br><br>・症例報告: case report | ・ランダム化比較試験<br>　randomized controlled trial (RCT)<br>　　マスキング（遮蔽化，盲検化）の種類：<br>　　　（オープン，単盲検，二重盲検）<br>　　対照の種類：<br>　　　プラセボ，標準薬，異なる用量<br>　　クロスオーバー試験，並行群間比較試験<br>　　漸増試験<br><br>・非ランダム化比較試験<br>　non-randomized controlled trial<br><br>・無対照（非比較）臨床試験<br>　uncontrolled trial |

観察研究は，調査の時間的要素から，**縦断研究**（longitudinal study）と**横断研究**（cross-sectional study）に大別される。縦断研究は時間的要素を含み，"原因—結果"といった因果関係の時間的関連を検討する。一方，横断研究では時間軸は存在せず，調査時点での分布を示す（"原因—結果"の仮説を提供するにとどまる）研究である。縦断研究はさ

らに，調査する時間的な方向性により，前向きに調査する**コホート研究**（cohort study）と，後ろ向きに調査する**症例対照研究**（case-control study）に分けられる。観察研究にはほかに，症例集積研究（case series）や症例報告（case report）等も含まれる（記述疫学的研究については，「4. 疫学概論」を参照）。

## 3. 観察研究（各論）

ここでは，観察研究の代表的な研究デザインであるコホート研究，症例対照研究，横断研究について説明する[3]。

### 3-1. コホート研究
#### 3-1-1. 前向きコホート研究

コホート（cohort）とは，古代ギリシャの歩兵軍団（集団の意味）が語源である。目的とする評価項目（アウトカム）が出現する可能性のある集団（population at risk）を特定し，観察や測定（質問票，検査等）により要因（予後因子）の暴露群と非暴露群を同定後，一定期間追跡（フォローアップ）し，新規発生するアウトカムを調査する研究である（**図1a**）。歩兵軍団が前に進むようにコホートを前向きに観察することが基本となる（後ろ向きコホート研究は後述）。前向きに暴露情報を調査するため，後ろ向き研究と比較し，情報の信頼性が高い。

コホート研究では，フォローアップ期間中の予後因子とアウトカムを測定し，発生率や関連性を分析する。相対リスク減少率および絶対リスク減少率が求められ，因果関係の検

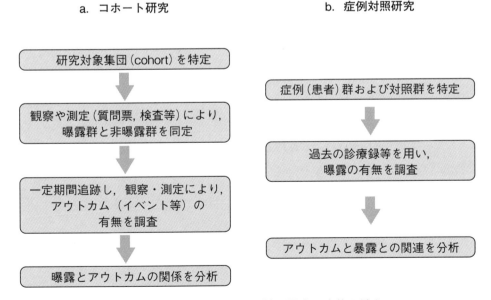

図1．コホート研究と症例対照研究の実施の流れ

表2. コホート研究と症例対照研究の比較

| コホート研究 | 症例対照研究 |
|---|---|
| ・前向き研究が基本<br>　（後ろ向きコホートもある）<br>・暴露情報の信頼性：高い<br>　暴露と疾患発生の時間関係：明確<br>・相対リスク減少率，絶対リスク減少率<br>　の計算：可能<br>・まれな疾患の研究：不適当<br>・まれな要因の研究：適当<br>・対象者：多く必要<br>・調査期間：長い<br>　人口移動の大きい集団：実施困難<br>・費用・労力：多くかかる | ・後ろ向き研究<br>・暴露情報の信頼性：情報収集の方法に<br>　よっては低い<br>　暴露と疾患発生の時間関係：明確でな<br>　いことあり<br>・オッズ比の計算：可能<br>・まれな疾患の研究：適当<br>・まれな要因の研究：不適当<br>・対象者：少なく済む<br>・調査期間：短い<br>　人口移動の大きい集団：実施可能<br>・費用・労力：少なく済む |

討が可能である。コホート研究はまれな曝露要因では効果的な研究であるが，概して症例数が多く必要で，観察期間も長くかかる。また，疾患やイベントの発生率が低いアウトカムの評価には，時間・労力・資金が膨大となり適さない（表2）。たとえば，脳血管障害の再発率の測定には適しているが，初発率の測定には適さない。

なお，予後因子が異なる複数のコホートを設定してフォローアップし，コホート間でのアウトカムの発生率を比較する研究を，多重コホート研究という。

3-1-2. 後ろ向きコホート研究

後向きコホート研究とは，研究を開始する時点で，予後因子やアウトカムの変数測定が終了しているコホート研究をいう。他の目的で設定された前向きコホート研究のデータベースや，保険や電子カルテ情報，疾患登録に関するデータベースが整備されている場合に可能な方法である[4]。単にアウトカム発生後のカルテ情報を抜き出してデータベース化しても，後ろ向きコホート研究とはいえない。診療データを利用する場合には，クリティカルパスや診療ガイドライン等で治療内容と検査のタイミングが標準化されているか，予後調査が恣意的でなく行われているかについて注意する必要がある。

## 3-2. 症例対照研究

症例対照研究は，患者対照研究ともいい，時間軸を後ろ向きに設定して調査する研究である。症例（患者）群および対照群を特定し，過去の診療録等を用いて曝露の有無を調査し，アウトカムと曝露との関連を分析する（図1b）。症例対照研究はコホート研究と同様，多種の曝露要因を同時に評価が可能である。一方，コホート研究とは逆に，まれな疾患で

効果的な研究デザインである（まれな要因には適さない）。

症例対照研究はコホート研究と比較して研究期間が短く済み，労力・費用も少ないという利点を有する。一方で，全体の population at risk 集団を特定できないため，相対リスク減少率や絶対リスク減少率は計算不可能である。そのため，オッズ比を算定し，疾患と暴露との関連を検討する（因果関係の確定まではできない）。

なお，症例対照研究の後ろ向き研究の弱点としての暴露情報の信頼性をより高めた研究デザインとして，**コホート内症例対照研究（nested case-control study）**がある。コホート内症例対照研究の実施方法は，前向きコホート研究の手順と同様に，対象集団（コホート）の特定，事前に必要と予測されるデータの探索を行う。次いで，一定期間フォローアップし，疾患発生後に有疾患群を同定する。さらに，症例に対応する対照を同一コホートから選択し，事前測定データを用いて曝露と結果との関連を分析する。この方法は，症例対照研究で起きやすい想起バイアス（後述）を排除でき，コホート研究と症例対照研究を同時に行え，費用節減につながる。

### 3-3. 横断研究

横断研究は，一時点（同時点）での曝露要因と疾患との関連を検討する研究である。時間軸がないので，曝露要因と疾患の間の時間的な因果関係は決定できないが，ほかの研究調査を行う上での良い仮説を与える先行研究となり得る。横断研究で求めることができる指標には，有暴露率や有病率等がある。

なお，時間経過があるが縦断研究ではない研究に，時系列研究（time series study）がある。この研究は，集団の個人個人のデータの経過を追跡するのではなく，全体の集団データを各時点で観察し時間ごとの変動を見る**動向調査（surveillance）**である。それに対し，横断研究は一時点での観察を示す**実態調査（survey）**である。時系列研究は横断研究よりも因果関係を推測しやすいが，直接的な因果関係はわからない。

## 4. バイアスの種類と，その制御法，交絡

### 4-1. バイアス

観察研究は，自然に存在する擬似的な実験的環境を利用しているため，介入試験と比較し，要因と結果の関係に影響を与えるさまざまなバイアスが生じやすい[5,6]。以下，一般的に用いられる大分類として，選択バイアスと情報バイアス，さらに交絡について述べる。

#### 4-1-1. 選択バイアス（selection bias）

選択バイアスとは，調査対象者の選択に関わる過程で生じるバイアスをいう。具体的には，自己選択バイアス（self-selection bias），健康労働者効果（healthy worker effect），未回

答者バイアス（non-respondent bias），入院バイアス（admission bias），罹患者－有病者バイアス（incidence-prevalence bias），脱落バイアス（withdrawal bias）等が含まれる。

選択バイアスを制御するには，曝露や結果に影響されない選択基準を定義する，両群間の脱落を最小限にする，人口集団を基盤とした標本抽出（ランダム抽出；random sampling）やランダム化（ランダム割付；randomization）を行う。

4-1-2. 情報バイアス（information bias）

情報バイアスとは，調査対象者からデータを収集する方法に関わる過程で生じるバイアスをいう。具体的には，診断バイアス(diagnostic bias)，想起バイアス(recall bias)，思案バイアス(rumination bias)，質問者バイアス(interviewer bias)，測定バイアス(measurement bias)，誤分類バイアス(misclassification bias) 等が含まれる。

情報バイアスを制御するには，プロトコルでの標準化を図り，データ収集の出所や方法をすべての研究施設および比較群で同一にする。また研究者（質問者）は，可能な限り曝露や疾患を意識しない（盲検化を行う）ようにする。

## 4-2. 交絡

交絡とは，2つの変数間の関係が別の変数の影響を受けて，真実の関係とは異なった観察結果をもたらすことをいう。一般的に観察研究では，必ずといって良いほど影響を受ける（交絡バイアスという用語がある）。**交絡因子（confounding factor）**とは，予測因子と関連を持ち，同時に結果因子の原因ともなる因子である。

交絡因子の影響を排除する対処法には，研究デザインの段階で行う方法と，データ解析の段階で行う方法がある。

4-2-1. 研究デザイン時での対処法

研究デザイン時における対処法は，選択バイアスの場合と同様に，ランダム抽出やランダム化を行う，選択基準の設定による「**限定（specification）**」や，調べたい要因以外の要因（年齢・性別等の特性）を症例と対照群で一致させる「**マッチング（matching）**」等がある。

4-2-2. データ解析時での対処法

データ解析時における対処法には，収集したデータで同じ特性を持ったグループ（層；strata）に分け，層ごとに分析する「**層化（Stratification）**」，年齢等，結果に影響すると考えられる要因により重み付ける「**標準化（standardization），調整（adjustment）**」，**多変量解析（multivariate analysis）**により補正する等がある。

# 5. おわりに

　次節「6. 介入試験・メタアナリシス」の中で説明するランダム化比較試験と比べ、観察研究はエビデンスが強くないといわれる。その理由は、（病院によって異なる患者が訪れるなど）症例選択において母集団（目的集団）からの標本の代表性、無作為性が保たれないこと、転居・死亡等により症例の中途脱落、データの欠損が生じやすいこと、背景による交絡因子の調整が困難であること、比較する例数が偏りやすいこと等が挙げられる。これらの限界を十分に把握し、質の高い観察研究を行うためのガイドラインとして、"STROBE Statement"がインターネット上で公開されており、観察研究の手順や実施上の留意点について具体的に記載されている[7]。

■参考文献
1) 小林真一：臨床研究の倫理指針. 臨床薬理学 第3版〔日本臨床薬理学会（編）〕, pp. 22-24, 医学書院, 2011
2) 山田浩：臨床研究の基礎知識. 日本臨床薬理学会認定CRC試験対策講座, pp. 25-41, メディカル・パブリケーションズ, 2009
3) Cummings SR, et al : Study designs. Designing Clinical Research, 4th ed（Ed by Hulley SB, et al）, pp. 84-136, Lippincott Williams & Wilkins, 2013
4) 久保田潔：薬剤疫学. 臨床薬理学 第3版〔日本臨床薬理学会（編）〕, pp. 68-71, 医学書院, 2011
5) Rothman KJ : Epidemiology : An Introduction, 2nd ed, Oxford University Press, 2002
6) 黒澤菜穂子：有効性情報の評価. 医薬品情報学 workbook〔望月眞弓, 山田浩（編）〕, pp. 84-94, 朝倉書店, 2015
7) STROBE Statement-Strengthening the Reporting of Observational studies in Epidemiology-
http://www.strobe-statement.org/

### 問題と解答

**問題1.** 観察研究に関する記述で正しいのはどれか。2つ選べ。

a) データ欠落（欠測）が生じにくい。
b) 比較する例数が偏りやすい。
c) 母集団からの標本の代表性が保ちやすい。
d) 背景による交絡因子の調整が容易である。
e) 症例の中途脱落が生じやすい。

**解答　b, e**
　観察研究は転居等でデータの欠測が生じやすく、中途脱落も起きやすい。また、比較する例数が偏りやすく、母集団からの標本の代表性も保ちにくい。交絡因子の調整は容易ではない。

第2章　応用編

**問題2.** コホート研究に関する記述で<u>適切でない</u>のはどれか。<u>2つ選べ</u>。

a）因果関係を検討することができる。
b）相対リスク減少率の算定が可能である。
c）複数要因の同時評価が可能である。
d）まれな疾患に良い適用である。
e）人的，金銭的資源が症例対照研究よりも削減できる。

解答　d, e

　コホート研究は，要因と結果の因果関係を検討することができる。相対リスク減少率の算定が可能であり，複数の要因を同時に評価できる。コホート研究はまれな要因に良い適用である（まれな疾患に良い適用があるのは症例対照研究である）。人的，金銭的資源が症例対照研究よりも多く必要となる。


**問題3.** 症例対照研究に関する記述で正しいのはどれか。<u>2つ選べ</u>。

a）オッズ比が算定できる。
b）暴露要因との因果関係を検証することができる。
c）多種の曝露要因は同時に評価できない。
d）まれな疾患での評価が効果的である。
e）まれな要因での評価が効果的である。

解答　a, d

　症例対照研究では，オッズ比が算定できる。暴露要因との関連を検討することができるが，因果関係を検証することはできない。多種の曝露要因の同時評価が可能である。まれな疾患の評価には効果的であるが，まれな要因の評価には不適当である。

### 第2章●応用編

# 6. 介入試験・メタアナリシス

**KEY WORD** 介入試験, ランダム化比較試験, 並行群間比較試験, クロスオーバー試験, ランダム割付, 盲検化, 中間解析, システマティックレビュー, メタアナリシス, 異質性の検定, 森林プロット, 漏斗プロット

## 1. はじめに

　前節の「5. 観察研究」に続き，本節では臨床研究の中で実験的要素が強い研究デザインである「介入試験」を取り上げる。「介入試験」の中では，エビデンスレベルが高い最たる研究デザインであるランダム化比較試験（randomized controlled trial，RCT）の試験計画法を十分に理解する必要がある。本節ではさらに，RCT を統合したメタアナリシスの手法について述べる。

## 2. 介入試験

### 2-1. 介入試験の実験的側面

　介入試験は，ヒトを対象とする研究の中で実験的要素が強い研究である[1]。自然経過に対し人為的に介入を加え，その結果に基づいて介入による効果を推測する。介入試験は実験的な研究であるだけに，人体に対する身体的・精神的侵襲の面から倫理的に行ってはならない場合があり得る。たとえば，喫煙や飲酒を強制的に行い人体への影響を検討するといった，ヒトに対して有害と考えられる介入を行うような研究が該当する。そのような場合には，介入試験ではなく観察研究に留めて実施するか，あるいは有害な要因を除去するような研究デザイン（禁煙教育や断酒プログラムの介入等）に変更しなければならない。

### 2-2. 介入試験の分類

　介入試験は，対照（コントロール；control）および介入の種類，ランダム化や盲検化の方法等により分類される[2,3]（前節「5. 観察研究」の「表1. 臨床研究の分類」を参照）。

### 2-2-1. 対照および介入の種類

対照となるグループ（対照群，コントロール群）を設定し，介入群と比較検討するプロセスは，臨床研究の質を担保する上で極めて重要である。対照の種類は，プラセボ（placebo），標準治療，あるいは無治療に大きく分けられる。介入処置は医薬品・医療機器をはじめ，手術や放射線治療，理学療法，心理療法，食品・健康食品，運動，健康増進プログラム等，さまざまである。

対照を設定しない（無対照）介入試験もある。その場合は，介入前後の比較あるいは過去に報告されている他の研究データの比較になるが，バイアスの制御が難しく，エビデンスレベルは低くなる。

### 2-2-2. 盲検化の種類

盲検化（blinding；遮蔽化／masking ともいう）の種類は，被験者を盲検化する**単盲検（single blind）**，被験者に加え試験責任医師，CRC（clinical research coordinator），試験薬管理者等を盲検化する**二重盲検（double blind）**，それに加え統計解析者を盲検化する**三重盲検（triple blind）**があり，この順にエビデンスレベルが上昇する。

盲検化せずに介入群と対照群を比較する場合もあり，オープンラベル試験（あるいは単にオープン試験という）と呼ばれる。その場合は非盲検下での比較となるため，主観が入るような評価項目（エンドポイント，アウトカム）の場合はバイアスが入りやすくなる。

なお，上記外の盲検化デザインとして，**prospective, randomized, open-labeled, blinded endpoints study（PROBE 法）**がある。これは，統計解析者のみを盲検化した方法であり，エンドポイントの評価の段階を盲検化しているが，被験者，試験責任医師，CRC 等は盲検化していないことに注意が必要である。

## 3. ランダム化比較試験

ランダム化比較試験は，**ランダム化臨床試験（randomized clinical trial）**，ランダム化比較対照試験とも呼ばれるが，いずれも同じ意味であり，すべて RCT と称される。

ランダム化（無作為化ともいう）とは，介入群，対照群いずれの群に割り付けられるかを予測できないように，コンピュータによる乱数発生等を用い，偶然によりそれぞれの群へ割り付けるプロセスをいう。ランダム化することにより，被験者を割り付ける際のバイアスを制御することが可能となる。すなわち，系統誤差から偶然誤差への転化を行うことが可能となり，群間の比較可能性（comparability）が担保される（内的妥当性の確保：第 1 章「8. 臨床研究計画法と EBM」を参照）。

## 3-1. ランダム化比較試験の種類

主なランダム化比較試験には，並行群間比較試験（parallel group comparison design），クロスオーバー試験（crossover design），多元配置（要因デザイン；factorial design）試験がある。

並行群間比較試験は，インフォームドコンセントによる文書同意が得られ適格基準に合致した被験者を，介入群あるいは対照群いずれかにランダム割り付けし，両群を並行して追跡評価する試験デザインである。クロスオーバー試験は，上記と同様にして選択された各被験者に対し，介入群あるいは対照群への割付を，時期を交互にずらして，両方行う試験デザインである。多元配置試験は，並行群間比較試験に加え，2つ以上の要因（治療法）を組み合わせて行う試験デザインである（図1）。

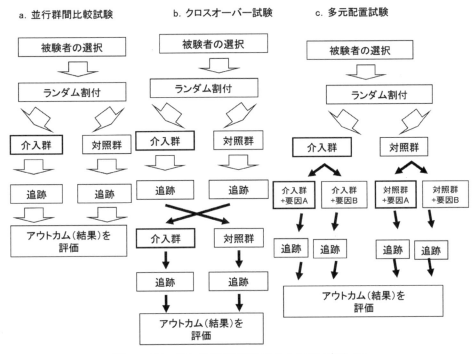

図1. ランダム化比較試験の主な試験デザイン

各試験デザインは，試験の目的に合わせて選択することなる。たとえば，クロスオーバー試験は，健常人や未病者を対象とした少数例の薬物動態試験で，しばしば用いられる試験デザインである。その理由は，同一被験者で介入・対照いずれも行うため，データのばらつきが少なく，かつ症例数が少なく済むこと，さらに母集団の平均的用量 - 反応曲線だけでなく，個々の被験者の用量 - 反応曲線の分布も推定できることによる（表1）。しかし一方で，被験者にとって試験期間が長くなり，中途脱落の原因となることや，持ち越し効果を防ぐためwashout期間の設定が必要となり，順序効果や時期効果（時期と介入の交互作用）を考慮しなければならないデメリットがある。そのため，患者を対象とした治験等

の臨床試験では，並行群間比較試験を用いることが多い。

表1. クロスオーバー試験のメリット・デメリット[2]

| ＜メリット＞ | ＜デメリット＞ |
|---|---|
| ・データのばらつきが少ない。<br>・症例数が少なく済む。<br>・母集団の平均的用量－反応曲線だけでなく，個々の被験者の用量－反応曲線の分布も推定できる。<br>・順序効果や時期効果がわかる。 | ・個々の被験者にとって試験期間が長くなり，中途脱落の原因となる。<br>・持ち越し効果，順序効果，時期効果（時期と介入の交互作用）を考慮しなければならない。<br>（washout期間が必要） |

## 3-2. 割付の方法

ランダム割付の方法には，割付確率が試験期間中，一定である**静的割付**と，一定でない**動的割付**がある[4]（**表2**）。静的割付には，置換ブロック法（permuted block method）や，層別置換ブロック法等がある。一方，動的割付は最小化法，バイアスコイン法等がある。

表2. 割付の方法[4]

| ＜静的割付＞ | ＜動的割付＞ |
|---|---|
| ・置換ブロック法<br>　（permuted block method）<br>・層別置換ブロック法<br>・封筒法<br>・乱数表<br>　（コイン投げ） | ・最小化法<br>・バイアスコイン法<br>・壷モデル法<br>・反応依拠型の方法<br>　（play-the-winner法等） |

一定の被験者数（ブロックサイズ）の塊（ブロック）に分ける。

↓

コンピュータ等で乱数を発生させ，ランダムに割付の組み合わせを決める。
（1ブロック4例の場合：
　ABBA, AABB, BABA,,,）
（1ブロック6例の場合：
　ABBABA, AABABB, BBAABA,,,）

↓

ブロックごとに組み合わせを選択する。登録被験者を順に，それぞれの群に割り付ける。

図2. 置換ブロック法（例）

実際の割付方法の例として，置換ブロック法の実施の流れを図2に示す。層別置換ブロック法では，この方法を基本とし，プロトコルで規定した割付調整因子を加味して割付を行うことになる。

### 3-3. 症例数設計

介入試験は，人為的な介入を伴う臨床試験であるため，多くの被験者を，リスクが皆無でない試験に不必要に曝すことは倫理的に問題である。また，研究に関わる人的資源やコストを必要以上に多くしないことも重要である。以上の倫理的・経済的側面から，症例数設計の科学的な根拠が求められる。

症数設計においては，対照群におけるリスク（ベースラインリスク），介入によるリスク減少の程度，**タイプⅠエラー**（$\alpha$），**検出力**（power：$1-\beta$），脱落率，打ち切り後の効果の残存等を考慮して決定する（第1章「4. 検定Ⅰ」を参照）。一般的に，ベースラインリスクが高く，予想される介入の効果が大きいほど，必要症例数は少なくなる。なお，試験の目的が，優越性，同等性，非劣性の検証いずれかによっても，症例数の算定は異なる。

### 3-4. 中間解析

中間解析（interim analysis）とは，最終評価項目の解析を研究終了前に行うことである。臨床試験が長期に及ぶ場合等で，中間解析が必要とされる場合，プロトコルで規定し実施される。中間解析が必要とされる場合とは，予想以上の効果が早期に観測される可能性がある，逆に安全性に問題が生じる懸念があるような状況であり，中間解析を行った場合は，効果安全性評価委員会のもとで早期中止の是非が判断される。

中間解析を実施する上の統計学的な注意点としては，検定を繰り返すことによる多重比較の問題が生じることである。それに対応した補正法としては，Pocock法，O'Brien-Fleming法，Lan-Demets法等がある。Pocock法は，各解析での有意水準を一定にする方法である。それに対してO'Brien-Fleming法は，各解析の有意水準を段階的に大きくする方法であり，Pocock法に比べ最大症例数が少なく済み，最終解析時点でも大きな有意水準を設定できるという利点がある。また，Lan-Demets法は$\alpha$消費関数という有意水準に確率の考え方を加え，これらの方法を包含し，かつ柔軟化した方法である。

### 3-5. ランダム化比較試験の限界

ランダム化比較試験はエビデンスレベルが高く，科学的に最も信頼されている試験計画法である。一方で，人為的な介入を伴う実験的要素と，人的労力，コスト共に大きいことから，解析症例数が少ない，観察期間が短い，適用すべき集団が限定されるといった問題点も存在する。

そこでランダム化比較試験を計画するにあたっては，その限界を見極め，目的，エンド

ポイントおよび対象集団等を設定する必要がある[5,6]。すなわち，主要エンドポイントは真のエンドポイントあるいは代替エンドポイントか？　将来適用する集団を想定した被験者の選定か？　解析対象集団は研究に組み入れた症例すべての解析（ITT）か，あるいはプロトコル遵守集団（PPS）か？　脱落例の扱いは妥当か？　安全性に危惧がないか？　といった試験の限界に関わる項目を明確にする必要がある。

## 4. メタアナリシス

　メタアナリシス（meta-analysis）とは，複数の論文結果を定量的に統合した分析の一手法である。言葉を換えていえば，研究結果を統合する目的で，個々の研究から得られた解析結果の膨大な収集データに対して実施する統計解析ともいえる。

　科学論文を原著論文，総説論文を含め全体を眺めると，メタアナリシスはシステマティックレビュー（systematic review）で用いられる統計的手法となっている。システマティックレビューとは，特定の疑問（clinical question あるいは research question）に対して，数多くの研究を網羅的に，再現性のある方法に従って集め，その時点における結果を体系的にまとめたものである。

### 4-1. メタアナリシスの目的

　メタアナリシスでは，明確でない研究結果が研究の対象目的となる。研究の最初にはわからなかった疑問を解決するために，サンプルサイズを増やすことにより統計学的な検出力を高める，論文の結論が一致していない場合にその不確実性を解決する，エフェクトサイズ（有効サイズ，有効量，効果サイズ）を改善するといった目的で実施される。

### 4-2. 研究の選択とデータ抽出

　メタアナリシスは臨床の疑問を明確化するために，網羅的に検索を行い，EBMの手法に従い批判的吟味を加えたものである。研究の選択にあたっては，PECOまたはPICO（patient, intervention, comparison, outcome）に沿って，解決すべき疑問（research question）とそれに沿った検索すべきキーワードを決定し，文献検索を行う（第1章「8. 臨床研究計画法とEBM」を参照）。

　文検検索にあたっては，収集すべき論文の採用基準（selection criteria）が何か（研究デザイン，エンドポイント等）を明確にする。メタアナリシスの対象となる研究はランダム化比試験以外にもあるが，質の高いランダム化比較試験を統合すれば，エビデンスレベルは最強となる。エンドポイントに関しては，2値あるいは連続変数であるかは非常に重要である。2値変数であれば**オッズ比**，連続変数であれば**weighted mean difference（WMD）**を用いて統合する。

### 4-3. 選択・収集する情報源

研究の選択・取集はハンドサーチも含めて，網羅的に行う。二次資料として利用するデータベースは，MEDLINE（PubMed），CENTRAL（Cochrane Database），EMBASE，ScienceDirect，Web of Science，医中誌web，臨床試験登録システム等がある。データベース以外では，未発表論文，著者のホームページやメールアドレスへの直接連絡，学会プロシーディング，抄録，学位論文等，可能な限り網羅的に渉猟する。

### 4-4. 研究の質の評価

得られた論文に対し，研究の質を評価する。ランダム化比較試験の質の評価では，Jadad score が使われることが多い[7]（表3）。この評価では，ランダム化，二重盲検，中止脱落例の記載の明示の有無で各1点，次いでランダム化，盲検化の方法の適切性で各1点の計5点満点で質を評価する。2点以下の場合は，準ランダム化の扱いとしている。

表3. ランダム化比較試験の質の評価：Jadad score[7]

| 記載内容 | 明示の有無 | 追加点 |
|---|---|---|
| ランダム化 | はい　+1 | 適切である　+1<br>（乱数表，コンピュータ等） |
| 二重盲検 | はい　+1 | 適切である　+1<br>（プラセボ，実薬ダブルダミー等） |
| 中止脱落例 | はい　+1 | |

### 4-5. 研究結果の統合

#### 4-5-1. 統合の手順

研究結果の統合にあたっては，まず各研究のエフェクトサイズを加重平均する。各研究の重みには，エフェクトサイズ推定値の標準誤差（standard error，SE）を2乗したもの，すなわち分散の逆数が使用される。したがって，エフェクトサイズの推定精度が高い（標準誤差が小さな）研究ほど大きな重み（w）が与えられる。

統合されたエフェクトサイズの標準誤差は，すべての研究の重みを合計したものの逆数の平方根で表される。

$$SE = 1/\sqrt{\sum w}$$

統合の対象となる個々の研究の推定精度が高く，研究の症例数が多いほど，統合されたエフェクトサイズの標準誤差が小さくなり，推定精度が高まる。

#### 4-5-2. 異質性の検定

メタアナリシスでエフェクトサイズを統合する際には，統合の対象となる研究の均質

性あるいは不均一性（異質性；heterogeneity）に関して検定を行う必要がある．具体的には，Cochran's Q test や Higgins $I^2$ 統計量が用いられる．

### 4-5-3. 統合に用いるモデル

統合に用いるモデルには，固定効果モデル（fixed effects model）と変量効果モデル（random effects model）がある．固定効果モデルは，集められた研究結果のばらつきを偶然誤差と仮定する方法である．固定効果モデルには，Mantel-Haenszel 法，Peto 法，General variance-based method 等がある．一方，変量効果モデルは，偶然誤差以外に，異質性，たとえばプロトコル，患者，地域の違い等も関与すると仮定する方法である．変量効果モデルには，DerSimonian-Laird 法等がある．

## 4-6. 森林プロット

森林プロット（forest plot）とは，各研究のアウトカムに対する推定された効果の大きさと統合された効果の大きさ，および 95％信頼区間をプロットしたものである[8]（**図 3**）．図中の四角は各研究のエフェクトサイズの点推定値を表し，四角の大きさは各研究の重みを，左右の横棒は，その 95％信頼区間を表している．菱形は統合されたエフェクトサイズを表し，菱形の中心が点推定値，左右の頂点間の幅が 95％信頼区間を表す．

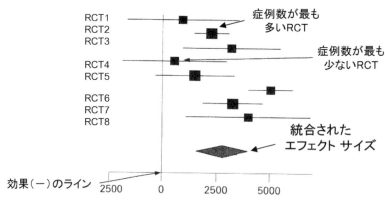

図 3. 森林プロット（文検 8）より改変）
RCT : randomized controlled trial

## 4-7. 漏斗プロット

漏斗プロット（funnel plot）は，出版バイアス（publication bias）の存在や研究の質のばらつきを確認するために用いられるプロットである（**図 4**）．横軸はエフェクトサイズ（オッズ比等），縦軸は治療効果の精度（標準誤差，サンプルサイズ等）を表す．図 4 は，negative な結果の論文は掲載されにくいことから，プロットが左右対称にならず positive 側に偏よる可能性があることを示している．

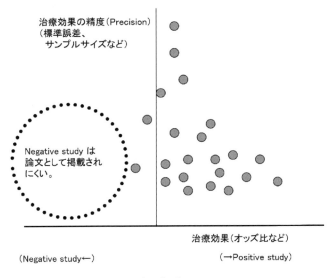

図4. 漏斗プロット

## 5. おわりに

　ランダム化比較試験およびメタアナリシスを用いたシステマティックレビューの実施手順や留意点については，前者はCONSORT Statement[6]，後者はPRISMA[9]に具体的に記載されている。ランダム化比較試験に関してはCONSORT Statementにおいて，被験者の選定からランダム割付，統計解析に至るまでのフローダイアグラムが25項目のチェックリストにより記載され，実施計画を立案する上での拠り所とすべき重要な内容となっている。

■参考文献
1) 小林真一：臨床試験における倫理的な考え方．創薬育薬医療スタッフのための臨床試験テキストブック〔中野重行（監），小林真一，山田浩，井部俊子（編）〕，pp. 25-28，メディカル・パブリケーションズ，2009
2) Cummings SR, et al : Study designs. Designing Clinical Research, 4th ed（editted by Hulley SB, et al），pp. 137-170, Lippincott Williams & Wilkins, 2013
3) 山田浩：臨床研究の基礎知識．日本臨床薬理学会認定CRC試験 対策講座，pp. 25-41，メディカル・パブリケーションズ，2009
4) 大門貴志：生物統計学．創薬育薬医療スタッフのための臨床試験テキストブック〔中野重行（監），小林真一，山田浩，井部俊子（編）〕，pp. 269-275，メディカル・パブリケーションズ，2009
5) 山田浩：ランダム化比較試験を計画する；臨床研究と論文作成のコツ〔松原茂樹（編）〕，pp. 253-262，東京医学社，2011
6) CONSORT Statement
　　http://www.consort-statement.org/
7) Jadad AR, et al : Assessing the quality of reports of randomized clinical trials : is blinding necessary?. Control Clin Trials 17（1）：1-12, 1996
8) ACP Journal Club 150（2）：JC2-2, 2009
9) PRISMA
　　http://www.prisma-statement.org/usage.htm

## 第2章 応用編

### 問題と解答

**問題1.** クロスオーバー試験に関する記述で正しいのはどれか。2つ選べ。

a) 並行群間比較試験に比べ，症例数が少なく済む。
b) 服用時期の効果と薬物の交互作用を考慮する必要がない。
c) 持ち越し効果を考慮する必要がない。
d) 中途脱落しやすい。
e) 被験者間での比較が原則である。

**解答　a, d**

クロスオーバー試験は並行群間比較試験と比べ，症例数が少なく済む。クロスオーバーすることで，時期効果，薬物との交互作用，持ち越し効果を考慮しなければならない。試験期間は長くなり，中途脱落しやすい。比較は被験者間（個体間）だけでなく，被験者内（個体内）でも行う。


**問題2.** 健康食品Aの摂取による体脂肪改善効果を検討するランダム化比較試験の結果が原著論文として複数報告されているが，結果が一貫していない。正しい判断のために最も重視すべきものはどれか。2つ選べ。

a) 最も効果が大きかった研究の結果
b) インターネットに掲載された結果
c) メタアナリシスの結果
d) 一番新しい研究の結果
e) placeboを用いた比較試験の結果

**解答　c, e**

最も重視すべき信頼性ある結果を示すのは，ランダム化比較試験と，それを統合したメタアナリシスである。

問題3．メタアナリシスにおいて，統合された研究のheterogeneityの検定に用いられるのはどれか．**2つ選べ**．

a）I統計量（Higgins $I^2$ 統計量）
b）Mann-Whitney's U test
c）Student's t test
d）Cochran's Q test
e）Simple exact test

解答　a, d

メタアナリシスにおいて，統合された研究のheterogeneityの検定に用いられるのは，Higgins $I^2$ 統計量とCochran's Q testである．

## 第2章 ● 応用編

# 7. 質的研究

**KEY WORD** 質的研究,探索的,帰納的,文脈,観察,インタビュー,コーディング,カテゴリ化

## 1. 質的研究とは

　多数の発症例を基にその要因を調査する疫学研究や,アンケートにより研究対象者の意識調査を統計的に分析した研究は「量的研究」と呼ばれる。一方で,実際の患者の具体的な症例を分析した事例研究や,当事者のインタビューに基づくグランデッドセオリーやライフ・ヒストリー研究,新聞記事などの公的な文書に記載されている文章や単語を分析する言語分析研究,アクションリサーチやエスノグラフィー研究といった現場に深く関与する研究などが「質的研究」と呼ばれるものである。

　このように見てみると,「質的研究」といっても幅が広く,多種多様であることがわかる。「質的研究」とは,「量的研究」ではない,つまり数値的な分析に拠らない研究の総称であり,その最大の特徴は「言葉そのものを用いて分析する」ことである。とはいえ,「質的研究」と「量的研究」は二元的に対立するものではなく,むしろ相互補完的である。「質的研究」は「量的研究」が明らかにした傾向を手がかりに,さらに深く人間の生き方についての研究を行うことができる。一方,「量的研究」は,「質的研究」が明らかにした事実に基づいて,より多様な研究を行うことができる(表1)。

　このように「質的研究」では,対象者が発した言葉や文献上の言説などを対象として,それを数値に置き換えずに言葉のまま分析する。その結果,明らかになった内容についても言葉によって説明する。「質的研究」が終始「言葉」に基づいていることは,私たち医療者の研究が「対人支援」という人間の生き方に関わる領域であることに大きく関係している。なぜなら,人間の微妙な変化やありさまは,単純化した数値で表すには複雑すぎてしまうからである。

　質的研究・量的研究を問わず,研究のステップに大きな違いはないが,質的研究のステップについて一例を示す。

表1. 質的研究と量的研究の対比

|  | 質的研究 | 量的研究 |
|---|---|---|
| 目的 | 参加者の経験と生活世界を説明し，理解する<br>データから理論を生成する | 因果関係を説明するための調査<br>仮説検証<br>予測 |
| アプローチ | プロセス思考<br>文脈に縛られる<br>自然な場でなされる<br>データに忠実である | 結果思考<br>文脈に左右されない<br>しばしば人工的な場や実験室でなされる |
| データ収集 | 非構造化面接<br>参与観察<br>フィールドワーク | 質問紙<br>無作為化対照試験<br>構造化面接 |
| 分析 | グランデッドセオリーアプローチ<br>エスノグラフィー<br>KJ法 | 統計学的分析 |
| 関係性 | 研究者と直接深く関わる | 研究者の関わりは限定される |
| 厳密さ | 真実性，主観的，領域固有性 | 内的・外的妥当性，信頼性，一般化可能性 |

1）研究テーマを絞る
2）文献（先行研究）のレビュー
3）研究計画書の作成
4）倫理審査委員会への申請
5）データを収集する
　（1）フィールドの開拓
　（2）フィールドへのアクセス
　（3）データ収集
　（4）テープ起こし・逐語録の作成など
6）データを分析する
7）スーパービジョンを受ける（データ分析の信頼性の担保のため）
8）論文を書き，公表する

## 2. 質的研究の特徴

### 2-1. 自然である

対象の日常的で自然のありさまを見ようとし，対象の一部分を研究者の基準で不自然に

切り取ったり，実験的な場面を特別に設定したりしない。また対象を最初からコード化したり数値化して取り出すのではなく，対象者の発言や言動を，聴き取りや観察によって出来る限りその状況ごと入手しようとする。

### 2-2. 探索的（帰納的）である

量的研究では，初めに設定された仮説の検証を行うが，質的研究では得られたデータから理論を生成したり妥当な解釈（意味の取り出し）を求めるため，「見えていなかった対象の意味や構造の解明」を行うことになる。

### 2-3.「文脈」を重視する

量的研究（たとえば質問紙調査）では，研究者の定めた仮説に従って調査項目が決定され，それに答える形で対象者の情報が得られるが，質的研究では，対象者の情報がどのような状況や話しの流れで得られたのか「文脈」を重視する。

### 2-4. 説明よりも理解を求めようとする

当然，質的研究においても「説明」は求められる。しかし，それを量的研究でいう相関係数や有意水準など「因果関係を基にした説明」ではなく，「対象は具体的にどのような変化を経たのか」「対象者にとってその出来事はどのような意味があったのか」というように，質的研究では「研究者の解釈を根拠付ける説明」を目指す。そしてこれは，単に現象を「説明」するというよりも，対象への深い「理解」を求めようとするものである。

## 3. 質的研究の種類

質的研究には，①事例研究，②歴史的研究，③内容分析，④KJ法，⑤アクションリサーチ，⑥民族誌学的研究法（エスノグラフィー），⑦グランデッドセオリー法，⑧解釈学的・現象学的研究法などがある。

### 3-1. 事例研究

ある事例に起こっている現象を理解しようとしたり，一定の枠組みを事例を通して検討しようとする研究であり，臨床の中で多く実施されている。事例研究の研究の問いは，「何であろうか」あるいは「どのようなことであろうか」というもので，記述的研究である。事例研究は，現象を質的に記述することを目指しており，量化するわけでない。したがって，この研究デザインは量的研究では見えてこない，質的世界を記述することを強みとしている。すなわち，具体的に数えることのできる行動よりは，人間の内的世界や経験を理解することを目指したテーマに適している。

## 3-2. 歴史的研究

過去の出来事や状況についてのデータを組織的に収集し，それを分析し評価する研究である。過去の出来事や状況が，現在にどのように影響しているか，原因となっているかを明らかにし，現在の行動や実践を説明したり将来を予測したりすることを目的とする。

## 3-3. 内容分析

テキストのある特定の属性を客観的・定型的に同定し，推論を行うための方法である。アンケートの自由記述や日記文などのすでに記述されたテキストの分析に適用でき，テキストの中で何が語られているのかを知るために利用できる。最終的に量的な分析を行うことも可能であり，テキストマイニングなどにも応用可能である。

## 3-4. KJ法

日本の川喜田二郎氏が開発した手法である。必ずしも観察によってデータを得るだけでない。たとえば，討議している場面でいろいろな意見が出て混乱している状況があるとする。そのような場合，まず，そこに出ている意見を言葉にして，「言葉カード」をたくさんつくり，内容の似たものを寄せ合って分類する。次に，その分類して集められた「言葉カード」に共通する意味を探り，それに名前をつける。第3段階目は，名前を見て，さらに似通っているもの，または意味の近いものを寄せ集めて，それらに共通する意味を探り，それに名前をつけていく。それを繰り返して行うことによって混乱していた状況の構造が見えるようになる。医療における複雑な状況を分析し，その構造全体を理解するにはとても良い方法である。

## 3-5. アクションリサーチ

ある社会的状況への介入の効果を理解するために，計画し，実行し，観察し，そして振り返りをすることである。変化をもたらす介入をするので，評価研究のようであるが，一般に評価研究では介入方法は一定であり，その結果を測定する指標も明白であることが多い。アクションリサーチでは，試行錯誤の介入が許されるし，観察する事項も状況によって変化する。参加観察している研究者は，場合によっては介入するものになって，状況に深く関わることになる。この研究法は，ケアの質を向上させるための実践活動を実行し，継続的に観察することができるという利点がある。しかし，一方で，状況に深く関わりすぎるために研究の妥当性や信頼性が問題であるという指摘がある。また，その状況と関わる人々によってのみ生じさせるものであって，ほかには応用できないという懸念も指摘される。確かにこれらのことは気をつけなくてはならない問題であるが，介入研究の第1段階として活用できる方法である。

### 3-6. 民族誌学的研究法（エスノグラフィー）

　研究対象の人々の世界に研究者も住んで，その人々の文化を内側から詳細に観察し記述する方法である。そうすることで，その文化に内在する規則，権利，役割，言語的習慣，人間関係，行動や信条などを明らかにすることができる。たとえば，患者と看護師の文化も異なることがあり，そのことで看護師が患者を誤解したり，適切なケアが阻まれたりすることになる。そのようなときに，民族誌学的研究法を用いることで，対象者の側から看護ケアを見ることができ，どのようなことを工夫すると折り合いがつくのか明らかにすることができる研究法として有効である。

### 3-7. グランデッドセオリー法

　人間社会の現象に注目し，そこにある人間関係の過程と人間の行動とその意味に関心を寄せる象徴的相互作用理論を基に，人間が用いる言葉や表情，行為などのシンボルを手がかりに，対象と相互関係を持ちながら観察と洞察を同時に行い，理論を導き出す社会学の分野で生まれた研究法である。

### 3-8. 解釈学的・現象学的研究法

　現象学は，哲学であり，一つの研究法であり，研究に参加している人々の生の体験を捉えることで，人々が生きているように経験を記述することを目的としている。すなわち，人間の経験をそのままの形で捉え，記述しようとする方法であり，現象学の哲学を基に，実際に経験している人と関わることで，その人にとって経験がどのような意味を持つかを探るものである。

## 4. データ収集方法

　データ収集には，大きく分けて観察，個別インタビュー（面接），フォーカスグループの3つの方法がある．個別インタビューには，アンケートのようにあらかじめ決められた内容を聴く構造化インタビュー，一部以外は自由に聴く半構造化インタビュー，すべて自由に聴く非構造化インタビューがある。

　フォーカスグループは，同様な体験を共有する人々に集まってもらい，同時に話を聴くことで，参加者の間の相互作用によって，個人が言語化していなかった体験を言語化することを促進する。これは，インタビューと観察の両側面を持つため，今日ではこれをインタビューとは呼ばず，「フォーカスグループ」あるいは「フォーカスグループディスカッション」と呼ぶ。

## 5. データ分析（コーディングとカテゴリ化）

　文字化されたデータに対してコーディングとカテゴリ化を行う。質的研究では文章を構成する概念をコードといい，コーディングによって具体的な文字データに対してコードを割り当てる。さらにコードにおける上位概念をカテゴリといい，カテゴリ化によって徐々に抽象化のレベルを上げ，カテゴリを作成する。言い換えれば，コーディングとカテゴリ化は，文字データに対して小見出しをつけ，文字データに含まれる情報を失わずに圧縮する作業である。この作業を行うことにより，いくつかの文字データに含まれる同一テーマを発見することができ，また一つのテーマにおけるバリエーションを確認することができるようになる。

　そこで，筆者らの研究を用いてデータ分析の過程を具体的に紹介する。取り上げる研究は，乳がん経験者であるピアカウンセラーを対象に，ピアカウンセラーと医療者の有機的な連携を促進するために必要な要素を明らかにすることを目的として実施したインタビュー調査である。

　対象は6名で，平均インタビュー時間は69.5分（52分～83分）だった。インタビューが終了すると，逐語録を作成した。逐語録を何度も読み，ピアカウンセラーと医療者の有機的な連携を促進するための要素が現れている部分を意味ごとに区切り，意味単位を定めた。

　下記は，A氏とのインタビュー内容の逐語録から抜粋したものである。A氏の語った意味内容を崩さずに，意味単位として整理した。

| 逐語録 | 意味単位 |
|---|---|
| 研：ここ（G施設）の，デメリットとかありますか？<br>A氏：デメリットは，ちょっと寒いとか。それは冗談ですけど，デメリットは，いままでにはないですね。むしろあっち（H施設）のほうが閉鎖的で，あっちのほうがデメリットがあると思いますね，せっかくのこういうチャンスを，目に触れる機会を，こう，閉ざしてると。<br>研：そうですね，向こう（H施設）は本当に閉鎖的な感じはしますね。 | 閉鎖的な相談センターは，有効ではないと思う |
| 研：通りに面していて入りにくいですよね，自動ドアの真向かいに人が座ってらっしゃるじゃないですか，なんか，番人のように。まず，あれで，あれ，これ，入っていいんだろうかっていうの，すごく躊躇します，私も。<br>A氏：そうですよね，きっと。<br>研：はい，で，そのまた奥のほうですよね，あれは。<br>A氏：そうですね。なので，よっぽど悩みが深くて，積極的な，性格の人じゃないと，あの場所には行けないんじゃないかなって思います。<br>研：そうすると，H施設は，相談件数は少ないですか？<br>A氏：少ないですね。<br>研：あ，そうなんですね。 | H施設の相談センターは，よほど切羽詰っていたり，積極的なタイプでないと入りにくい |

意味単位を簡潔な表現に変換後，内容の共通性によって分類し，コードを定めた。コードの共通性を検討し，サブカテゴリを導き，さらにカテゴリへ統合した。下記は，6名（A氏～F氏）の対象から得られた意味単位の一部である。

複数の対象から得られた意味単位よりコードを定め，さらに複数のコードからサブカテゴリを導いたプロセスを示してある。なお，コードが複数の意味単位の集合体であることを理解しやすくするために，今回は対象をアルファベットで記載した。

| 意味単位 | コード | サブカテゴリ |
|---|---|---|
| 相談センターを利用すること自体に勇気がいるので，世間話の延長など気軽に入ることが必要（B氏） | 患者にとって身近で入りやすい場所に相談支援室を設置してほしい | 身近で入りやすい場所に相談支援室を設置する |
| 閉鎖的な相談センターは，有効ではないと思う（A氏） | | |
| H施設の相談センターは，よほど切羽詰っていたり，積極的なタイプでないと入りにくい（A氏） | | |
| 相談センターは，患者に身近で敷居の低い場所であることが重要だと思う（B氏） | | |
| ピアサポーターの認知度が低いため，目立つ場所にある方が，活用してもらえるように思う（C氏） | 患者に相談支援室の存在を知ってもらうため，人通りが多く，目立つ場所に置きたい | |
| H施設は，外来と相談室が別の建物にあることも，入りにくい要因だと思う（D氏） | | |
| 相談室は，人通りの多いところに設置し，院内で広報してもらうなど，病院の受け入れ体制を整える必要がある（D氏） | | |
| ピアを有効活用するためには，相談室の設置場所の工夫，質を担保する基準を設ける必要があると思う（D氏） | | |
| ピアを多くの患者に利用してもらいたいが，なかなか広まらないジレンマを感じる（E氏） | | |
| G施設では，オープンな雰囲気や人通りの多いところにピアの看板を置くことで，患者や医療スタッフに周知されるようになった（F氏） | | |

このような分析のプロセスを経て，最終的に，全対象者の逐語録より，83の意味単位，18のコード，8のサブカテゴリ，3のカテゴリが抽出された（**表2**）。

表2. ピアカウンセラーと医療者の有機的連携の促進に必要な要素

| 【カテゴリ】 | 〈サブカテゴリ〉 | 〈コード〉 |
|---|---|---|
| 相談場所や相談システムの改良 | 身近で入りやすい場所に相談支援室を設置する | 患者にとって身近で入りやすい場所に相談支援室を設置してほしい |
| | | 患者に相談支援室の存在を知ってもらうため，人通りが多く，目立つ場所に置きたい |
| | 相談者が個別の問題や感情を吐露するための個室を備える | 相談者が感情を吐露できるようにプライバシーの保てる個室を確保する |
| | | 個室のある相談支援室は，相談者個別のニーズに対応しやすい |
| | 相談者が利用しやすい柔軟なシステムを構築する | ピアカウンセラーの体験を生かした相談体制を敷きたい |
| | | 予約なしでも相談できるシステムを整えたい |
| 医療チームにおけるメンバーシップの形成 | 医療者とピアカウンセラーを信じる風土を育成する | 医療者がピアカウンセリングの役割に関心を向けてほしい |
| | | ピアカウンセラーを医療チームの一員に組み入れてほしい |
| | ピアカウンセラーの存在意義を高める | ピアカウンセリングの存在を院内外に発信する |
| | | ピアカウンセリングを患者支援のリソースの一つとして機能させる |
| | ピアカウンセラーが主体的に考え，行動する | ピアカウンセラーの役割を拡大するために主体的に考え，行動を起こす |
| | | 病院職員の一員であるという自覚を持つ |
| ピアカウンセリングマインドとスキルの洗練 | 患者の視点から，一緒に解決策を編み出す | 自身の知識や経験をフル活用して，相談に応じる |
| | | 相談者のストレスや不安を軽減するために，言葉かけを試行錯誤する |
| | | 相談者が主体的に治療選択できるよう，働きかける |
| | ピアカウンセラーの力を伸ばす | 相談内容を理解できるよう，最低限の医学知識を常に勉強する |
| | | ピアカウンセラー個々の事例を振り返り，カウンセリングの力を磨く |
| | | 医療者からスーパーバイズを受けたい |
| | 自信とやりがいを持って活動する | 相談者の前向きな変化から，ピアカウンセリングに意味を感じる |
| | | ピアカウンセラー自身が潰れないよう，支え合う仕組みを敷く |

〔浅海くるみ，村上好恵：がん体験者によるピアカウンセラーと医療者の有機的連携の促進に向けた探索的研究．日本がん看護学会誌 30（2）：45-52，2016〕

## 6. 質的研究の注意点

　質的研究の適用はリサーチクエスチョンに照らして選択されるものであり，量的研究と同様に科学的な理論やモデルをもたらす研究法の一つである。しかし，質的研究はサンプリングが合目的であること，およびサンプル数が少ないことなどから対象の代表性を問われたり，解釈が主観的であることから一般化可能性を指摘されたりすることがある。そのため，質的データの分析では，スーパービジョンを受けることが特に重要である。質的データ分析のスーパービジョンは，データ収集に先立つ，研究テーマの絞り込みの段階から行われることが望ましい。この段階で，研究の実現可能性とともに，どのような方向性でデータを収集するかを十充分にディスカッションすることが研究の質に大きく影響する。

■参考文献
1) 南裕子（編集）：看護における研究，日本看護協会出版会，2013
2) Grove SK, Burns N, Gray JR：バーンズ＆グローブ 看護研究入門 原著第7版－評価・統合・エビデンスの生成〔黒田裕子ほか監訳〕，エルゼビア・ジャパン，2015
3) 波平恵美子，道信良子：質低研究 Step by Step －すぐれた論文作成をめざして，医学書院，2006
4) 佐久川肇〔編著〕：質的研究のための現象学入門 対人支援の「意味」をわかりたい人へ，医学書院，2010
5) 萱間真美：質的研究実践ノート 研究プロセスを進める clue とポイント，医学書院，2008
6) 浅海くるみ，村上好恵：がん体験者によるピアカウンセラーと医療者の有機的連携の促進に向けた探索的研究．日本がん看護学会誌 30（2）：45-52，2016
7) 大谷尚：薬学教育研究における質的データの活用とその意義 質的研究とは何か．薬学雑誌 137（6）：653-658，2016

### 問題と解答

問題1．質的研究に関する記述で正しいものを2つ選べ。

a) 質的研究は，量的研究と対立するものである。
b) 質的研究は数値を扱う。
c) 質的研究は文脈を重視する。
d) 質的研究は仮説検証を行う。
e) 質的研究は対象が発した言葉を置き換えず分析する。

解答　c, e
　本節1項を参照。

**問題 2.** 質的研究におけるデータ収集方法で間違っているものを 1 つ選べ。

a）アンケート調査で数値データを収集する。
b）観察を行う。
c）個人を対象にインタビューを行う。
d）グループメンバーを対象にインタビューを行う。

**解答　a**

本節 3 項，4 項を参照。


**問題 3.** 質的研究のデータ分析で間違っているものを 1 つ選べ。

a）対象から得られたデータから逐語録を作成する。
b）逐語録を読み，探索的に要素を抽出する。
c）具体的な文字データをコーディングする際に意味内容を失わないようにする。
d）コーディングされた文字データの共通性からサブカテゴリ，カテゴリを導く段階では，研究者の意図を優先して命名してよい。

**解答　d**

本節 5 項を参照。

# 第2章●応用編

## 8. ビッグデータ・診療情報を活用した研究

**KEY WORD** 診療報酬,電子カルテ,医療系ビッグデータの二次利活用,データベース,バリデーション研究,妥当性,感度,特異度,陽性的中度,陰性的中度

## 1. 医療系ビッグデータとは

### 1-1. ビッグデータとは

20世紀初頭に自動計算機が使われるようになると,それまで欧米では数値計算を行う人を「computer」と呼んでいたが,すぐに電子機器を指し示す言葉になった。

医療系ビックデータは大きいデータと言いながら,どのくらい大きいかの定義はない。ただし,コンピュータなしでは扱えないほどの大きさであることは容易に想像がつく。多くのデータは,データベース(リレーショナルデータベース)という構造化した状態で保存され,検索が可能である。

### 1-2. 医療系ビッグデータの種類

医療系ビッグデータの種類を**表1**に示す。なお,遺伝情報もビッグデータではあるが,本節では扱わないこととする。また,多施設共同のRCT(ランダム化比較試験)データも大規模なものがあるが,他の節に譲りたい。表1に示した分類は,データベースを構築した国や施設により構造が異なるため,明確な区別ができるものではない。

研究者等が実際に二次利活用する情報は,これらデータベースの組み合わせである。NDB (national database:レセプト情報・特定健診等情報データベース)は,厚生労働省において,医療費適正化計画の作成,実施および評価のための調査や分析などに用いる診療報酬請求データとして,医科・調剤レセプト情報および特定健診・特定保健指導情報を格納・構築している。2014年度末時点で全レセプトの90%以上の情報を格納する,悉皆性の高いレセプト情報のデータベースとなっている。2011年度からこれら情報の第三者提供を,ガイドラインに従って試行的に実施し,2013年度から本格実施している。また,汎用性の高い集計値については,NDBオープンデータとしてホームページ上に公開されて

**表 1. 医療系ビッグデータの種類**

| 一般的な名称 | 概略 | 患者固有情報 |
|---|---|---|
| 疾患登録レジストリー（registry） | 患者単位で収集，疫学的な分析を行うための DB。長い期間収集される。がん登録など。 | 多い |
| 電子カルテデータ（EMR） | 医師のカルテを中心にテキスト化される。処方情報，検査結果，看護サマリー，バイタルデータを含み多岐にわたる。 | 多い |
| 医薬品副作用 DB（JADER） | 法令に基づき収集された副作用情報の DB。 | 少ない |
| 退院サマリー（discharge Abstract） | 退院時に医師が作成するサマリーを DB 化したもの。 | 少ない |
| 診療報酬請求データ（administrative data billing claims data） | 医療費支払いに用いる診療報酬明細書（レセプト）のデータ。医療保険単位で集約される。 | 少ない |
| 開業医 DB（GPDB） | 診療所の電子カルテデータをまとめたもの。日医総研の DB など。 | 多い |
| 調剤 DB（drug registry） | 医薬品の処方あるいは，販売情報をまとめたもの。国，地域，調剤薬局グループごとの DB。 | 少ない～なし |
| 行政統計情報 | 国，都道府県，医療施設単位に報告されるデータ。e-stat, OECD-statistics など。 | なし |

DB：database　EMR：electronic medical record
JADER：japanese adverse drug event report database　GPDB：general practitioner database
e-Stat：portal site for japanese government statistics
OECD：Organisation for Economic Co-operation and Development

いる（https://www.mhlw.go.jp/stf/seisakunitsuite/bunya/kenkou_iryou/iryouhoken/reseputo/index.html）。

　また，厚生労働省では，2003 年より DPC（diagnosis procedure combination：診断群分類別包括評価）に基づく包括支払制度を導入し，その影響を調査することを目的に参加病院の DPC データを収集している。これは，退院サマリーのデータであるが，一部診療報酬請求データと同じものが含まれる。この集計データは，参加病院の名前付きで毎年公表されている（https://www.mhlw.go.jp/stf/seisakunitsuite/bunya/0000049343.html）。

　独立行政法人医薬品医療機器総合機構（PMDA）が管理するデータベースは，MID-NET®（medical information database network：医療情報データベース），JADER（japanese adverse drug event report database：医薬品副作用データベース）などがある。MID-NET® は，医療情報データベース基盤整備事業で構築されたデータベースシステムで，国内のいくつかの医療機関が保有する電子カルテデータや DPC データ，診療報酬請求データ等の電子診療情報をデータベース化して，それらを解析するためのシステムである。また，医薬品

の製造販売業者および医薬関係者等は，副作用によるものと疑われる症例等を知ったときは，医薬品，医療機器等の品質，有効性および安全性の確保等に関する法律に基づき，報告することが義務づけられている。JADER は，この情報を集積したデータベースである。

このほか，日本国内にどのようなビッグデータが存在するか，日本薬剤疫学会が調査を行いホームページ上に一覧を掲載している（http://www.jspe.jp/committee/020/0210/)。さらに，DPC 導入の影響評価に関する調査，病床機能報告，医療施設（静態・動態）調査，患者調査など，患者個票ではなく，都道府県単位，医療施設単位に報告されるデータも大規模である[1]。

## 2. 医療系ビッグデータを活用した研究

### 2-1. 情報の二次利活用の留意点

医療系ビッグデータを，リアルワールドデータ（real world data，RWD）と呼称する場合もあるが，"リアル"の捉え方は，実際の症例の状態を表しているデータ，あるいは，医療の不確実性を包含したデータなど，さまざまある。医療系ビッグデータの多くは，診療など本来の目的に沿って行われた情報が蓄積されたものであり，その情報を使った研究などは二次利活用による臨床研究である。しかし，情報が蓄積された時点の本来の目的と，二次利活用の目的が常に一致するとは限らない点に留意が必要である。数種類のデータベースを組み合わせて，二次データセットを作成する場合，情報が豊富になる一方で，違った目的で収集された情報を 1 つにするために生じるバイアスについて考慮すべきである。たとえば，電子カルテと診療報酬請求データを統合したデータベースでは，当然，検査を行った回数（検査の実施 vs 検査の請求）に相違が見られ，測定バイアスにつながるかもしれない。

また，欠損あるいは入力が必須でない情報の扱いも結果に影響を与えるため，検討すべきである。たとえば，データベースで ADL が欠損した症例を除外したとする。当然，臨床現場では ADL が測定できないほど重症な症例に限ってその数値が入力されていないと考えられ，選択バイアスにつながるかもしれない。

さらに，あまり考慮されないのが，デフォルトの問題である。デフォルトとは，初期設定のことである。たとえば，処方入力する調剤薬局の電子システムで，診療科の初期設定が「内科」になっている場合，修正せずに入力されるデータはすべて「内科」の診療となってしまう。

電子的な初期設定に限らず，運用の一様な設定も含まれる。たとえば，救急搬送された急性心筋梗塞の症例の重症度はすべて Killip 分類 Class 4 で入力することにしている場合，医師の診断と異なる重症患者が増えてしまうかもしれない。

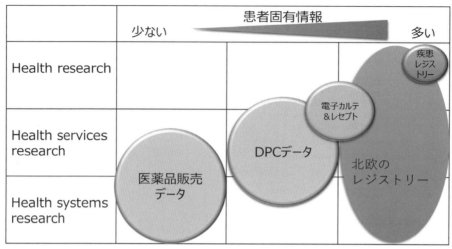

図1. 研究目的と医療系ビッグデータの特徴（イメージ）

### 2-2. 医療系ビッグデータを活用した研究の分類

　医療ビッグデータを二次利活用した研究は，研究の目的を社会貢献という視点で考えると次の3つに分類できる。ヘルスリサーチ（health research）は，疾患群の治療に直接寄与する臨床研究であり，ヘルスサービスリサーチ（health services research）は，提供するサービスの質を評価する医療提供の質評価研究である。さらに，ヘルスシステムリサーチ（health systems research）は，広範囲にわた渡る啓発・影響を評価する地域医療提供体制に関する研究である[2]。エビデンスレベルは高くなく，横断研究，比較研究，相関研究，症例対照研究などのよくデザインされた観察研究が行われることが多い（第1章「8. 臨床研究計画法とEBM」を参照）。

　その研究の特色から，ヘルスシステムリサーチより，ヘルスリサーチのほうがより多くの患者固有情報が含まれるデータベースを用いる。ヘルスシステムリサーチは，地域医療提供体制を，患者固有の情報を使わず，都道府県単位で分析し評価することが可能である（図1）。薬剤師，看護師等のメディカルスタッフには，ヘルスサービスリサーチが身近である。医薬品製造販売後の安全性評価，入院後の転倒転落要因の分析，標準化死亡比の施設間比較など，提供されたサービスを振り返り，評価し，改善につなげるための研究であると考えられている。

## 3. 医療系ビッグデータを活用した研究のステップ

### 3-1. 信頼性を担保する誤差の記述

　疫学の研究者にとって重要なのは，測定することの意味を重く見て，いかに測定誤差を減らし，またいかに誤差の程度を記述するかということにある[3]。医療系ビッグデータを

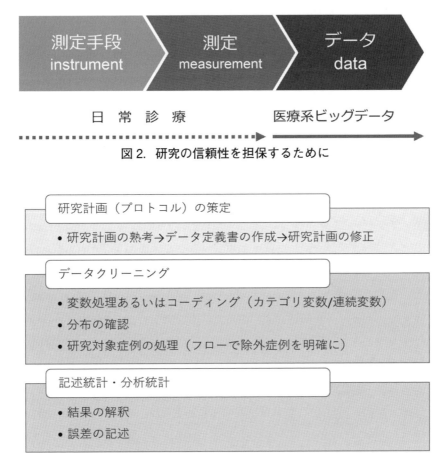

図2. 研究の信頼性を担保するために

図3. 医療系ビッグデータを活用した研究のステップ

活用した研究は，前述したように，観察研究の手法を取らざるを得ない。また，測定は日常診療等に任されており，誤差を減らす努力については分析時のウエートが高いといえる（図2）。適正な研究のステップで誤差の程度を記述することが，研究の信頼性を担保することに役立つ（図3）。

## 3-2. 研究計画の重要性

どのような研究でも，よくデザインされた研究計画は，研究の全過程で利用価値があることはいうまでもない。特に，医療系ビッグデータを活用した研究では，次の3段階で研究計画を深めていく必要がある。

プロトコル決定の第1段階では，ここで改めて述べる必要はなく，通常の研究の立案を行う（第1章「8. 臨床研究計画法とEBM」および第2章「12. 医療者による研究計画の立案・作成」を参照）。この段階では，真に検証したい仮説とその仮説を検証するための

手法をきちんと書き下ろしておく必要がある。

プロトコル決定の第2段階では、第1段階の計画を基に、研究者が入手可能なデータの特徴、変数などを踏まえてデータ定義書を作成する。前述したように、情報が蓄積された時点の本来の目的と、二次利活用の目的が常に一致するとは限らない。研究計画で書き出した変数を、入手したデータの変数に置き換え、データの型と尺度を定義する（第1章「1. データの型と分布、要約」を参照）。

プロトコル決定の第3段階は、研究計画の修正である。データ定義書を作成する段階で、当初の計画の修正を余儀なくされることは、しばしば見られる。次の研究のステップに移る前に研究計画の再考が望ましい。

### 3-3. データクリーニング

多くの医療系ビッグデータは、一般の表計算ソフトでは扱えない、百万行を超えるサイズとなっている。入手したデータの処理が可能なソフトを選択する。そして、データ定義書に従って、変数の処理やコーディング（カテゴリ化）を行う。特にデータの型と尺度の設定は、その後の記述・分析統計の際に誤った結果を導くことがある。データクリーニングの段階で大切なことは、①変数の分布の確認と、②データベースから研究対象症例を抽出するまでのフローチャートの作成である。

変数の分布は、一変量、あるいは、目的変数との二変量で確認をする（第1章「1. データの型と分布、要約」を参照）。これにより前述したような、測定バイアス、選択バイアスを確認できる。また、フローチャートの作成は、除外した症例と対象となった症例の妥当性を記述する上で重要である。特に対話型の統計ソフトで対象症例を抽出する場合、条件ごとにデータの切り出しを行うと、フローチャートで抽出の流れを示せないことが生じる。

たとえば、小規模だが2000症例成人のデータで分析を計画している場合。除外条件1に95歳以上、除外条件2に体重30kg未満と設定し、それぞれ20症例、15症例で、両条件に該当する症例が5症例あったとする。順に条件を適応すると、①条件1適応後の症例数は1980症例（95歳以上の20症例を除外）、②条件2適応後の症例数は1970症例（体重30kg未満の10症例を除外）となり、分析のデータセットが1970症例でフローチャートを作成する。この段階では、問題ないように見えるが、研究の最終段階で体重30kg未満の除外について、アウトカム与える影響の感度分析を行う際、フローチャートには、除外が10症例とあるが、本来感度分析すべき症例数は15症例である。除外フラグを立てながらクリーニングを行い、最終的に切り出しを行うほうが、効率が良い。

### 3-4. 記述統計・分析統計と結果の考察

記述統計・分析統計の手法等は他節（第2章「4. 疫学概論」）に譲るとして、医療系ビッグデータを活用した研究の結果の考察には、いくつかの留意点が挙げられる。前述した通

り，バイアスの記述が必要である．また，一般化可能性，あるいは外的妥当性については，入手したデータベースがどのような集団を対象としたものか，さらにそのデータベースからどのような対象症例を抽出し，研究を行ったかを明らかにする必要がある．

たとえば，急性期を中心としたDPCデータから，精神疾患の症例を抽出した研究が，どの程度の一般化可能性があるか十分な考察が必要である．当然，データと臨床現場の実態の乖離がわかっている変数については，その程度を明らかにする必要がある．特に，研究で評価・検証するアウトカムを病名コードで定義する場合には，バリデーション（妥当性）研究の結果を添えることが望ましいとされている．論文等で結果を公表する場合には，STROBE声明に準ずることはいうまでもない（http://www.jspe.jp/publication/img/STROBE%20checklist-J.pdf）．日本製薬工業協会（製薬協）が編纂している「データベース研究入門」も，データベース研究の利点や限界点を捉える上で大変参考になる（http://www.jpma.or.jp/medicine/shinyaku/tiken/allotment/rwd.html）．

# 4. バリデーション（妥当性）研究

## 4-1. 製造販売後データベース調査

米国FDAでは，2013年5月に「Best Practices for Conducting and Reporting Pharmacoepidemiologic Safety Studies Using Electronic Healthcare Data」というガイダンスを発表し，医療系データベースでの医薬品の安全性調査を推奨してきた．日本でも，2012年4月から公表された「医薬品リスク管理計画指針について」の中で安全性監視活動に医療情報データベースを利活用することが言及されている．また，2018年4月に施行された「医薬品の製造販売後の調査及び試験の実施の基準に関する省令」（GPSP：Good Post-marketing Study Practice）の改正によって製造販売後データベース調査が新設された．2018年4月よりMID-NET®の本格運用が開始し，製造販売後データベース調査の基盤が揃ったといえる．

なお，同時に追加された，「使用成績比較調査」は，これまでの医薬品の調査の枠を超え，特定の医薬品を使用する者の情報と当該医薬品を使用しない者の情報とを比較することによって行うとされ，比較可能性を明記した点で意義があるとされる（図4）．

## 4-2. 製造販売後データベース調査における信頼性担保

改正GPSP省令の施行に先立って，製造販売業者が製造販売後データベース調査を行う上で，再審査等の申請資料の信頼性を担保する観点から，厚生労働省が留意事項についてまとめている．これを受け，2018年1月にPMDAが「製造販売後データベース調査実施計画書の記載要領」（https://www.pmda.go.jp/safety/mid-net/0006.html）を公表している．その中では，調査に用いる医療情報データベースの概要として，データの本来の利用目的，データベースの信頼性（品質管理・品質保証）の概略，データベースのリンケージの方法，

図4．GPSP省令の改正の概要
（平成29年11月15日 第3回医薬品医療機器制度部会参考資料より）

アウトカムの定義，バリデーションが求められる対象などデータベース研究で重要な項目の記載が求められている。

## 4-3．バリデーション研究とは

　前述した通り，医療系ビッグデータの多くは，診療など本来の目的に沿って行われた情報が蓄積されたものであり，研究で重要となるアウトカムなど疾患の定義はその妥当性が問題となる。日本薬剤疫学会では，バリデーション研究を「より真に近いと考えられる情報（ゴールドスタンダード）と比べて妥当性を確認すること」と定義し，その方法についてガイドラインともいえる報告書を公表している（http://www.jspe.jp/committee/pdf/validationtrr120180528.pdf）。

　実際には，対象とするデータベースからランダムに症例を抽出し，データベースアルゴリズムで定義したアウトカムを満たす症例を特定する一方で，抽出した症例のゴールドスタンダードを確認し，アウトカムを満たす真のケースかを判定する。ゴールドスタンダードはアウトカムにより異なるが，カルテレビューを行うことが望ましい。この2つの方法で特定（判定）した症例のアウトカムが一致した割合など（感度，特異度，陽性的中度，陰性的中度）の妥当性を確認する（第2章「4．疫学概論」を参照）。陽性的中度が中心に評価されるが，その値が高ければ，対象とするデータベースでそのアウトカムを抽出することが妥当であると判断できる。絶対値としての値の高低が問題なのではなく，どのデー

タベースアルゴリズムが適切であったか，あるいは，このアウトカムを研究目的に設定するにあたって，対象としたデータベースがふさわしくないのではないか，など考察し，記述することが重要である。

## 4-4. 妥当性（validity）とは

妥当性（validity）とは，目的とするものを真に測定し得る度合のことで，妥当性が高いことは，測定手段にとって非常に重要な要件となる。保健医療分野では，直接観察できない概念を測定することが多く，妥当性を確保することは重要である[4]。特に妥当性は，3つのCといわれるように内容妥当性，構成概念妥当性，基準妥当性などさまざまな視点で検証される。前述したバリデーション研究は，基準妥当性のうちの併存的妥当性を検証するもので，開発した測定手段とゴールドスタンダードとなる測定手段を同時に実施して，その関連の程度を表す（図5）。

| 内容妥当性<br>Content validity | 測定手段が、目的とする内容の測定に必要な要件を漏れなくカバーしているかどうか。<br>ex) アンケートに使用する調査票 |
|---|---|
| 構成概念妥当性<br>Construct validity | 測定手段で測定した「概念」とそれを反映すると思われる行動との関連を調べる。<br>ex) 因子分析、CS分析 |
| 基準妥当性<br>Criterion validity | 併存的妥当性 concurrent validity<br>開発した測定手段とゴールドスタンダードとなる測定手段を同時に実施して、その関連の程度を表す。 |
| | 予測妥当性 predictive validity<br>測定手段がどれほど正確にアウトカム出現のリスクを予測し得たか。<br>ex) 観測死亡と予測死亡 |

図5. 妥当性（validity）の検証とは

■参考文献
1) 今井志乃ぶ, 伏見清秀：経営力・診療力を高める DPC データ活用術 増補改訂版，日経 BP 社，2017
2) Bowling A : Research Methods In Health; Investigating Health And Health Services, Open University Press, 2014
3) Rothman KJ : Epidemiology; An Introduction, Oxford University Press, 2012
4) 木原雅子, 木原正博：現代の医学的研究方法 質的・量的方法，ミクストメソッド，EBP, メディカル・サイエンス・インターナショナル，2012

第 2 章 応用編

## 問題と解答

**問題 1.** 医療系ビッグデータで PMDA が管理しているものではないものを示せ。

a）疾患登録レジストリー
b）JADER
c）MID-NET®

**解答　a**

疾患登録レジストリーは，公的な研究費を受けた研究班や，学会などが管理している。


**問題 2.** 電子カルテ情報を二次利活用した研究で気をつける点として誤っているものをすべて選べ。

a）入力された情報はすべて真であり，妥当性の評価は必要ない。
b）研究データを抽出し欠損値を除外する際は，バイアスが生じているか検討する。
c）病院ごとに値の偏りがないか検討する。

**解答　a**

妥当性の評価は重要である。


**問題 3.** 妥当性の検証にあてはまらないものを選べ。

a）アンケートの質問票を試行して，内容を検討する。
b）ゴールドスタンダードと新しい検査法を比較する。
c）カルテレビューが 2 名で独立して行うよう配慮する。

**解答　c**

c は再現性を確保するための配慮である。

# 第2章●応用編

# 9. 生物統計家から見た臨床開発における データマネジメント／統計解析

**KEY WORD** GCP, 試験デザイン, 臨床試験のための統計的原則, バイアス, ランダム化, 治験実施計画書, EDC, データ標準, 総括報告書, コモン・テクニカル・ドキュメント

## 1. はじめに

　医薬品の臨床開発段階では患者を対象とした臨床試験を実施して，新医薬品候補の安全性と有効性の成績を収集，評価，通常は複数の臨床試験の成績を統合した資料が提出され，

表1. 臨床試験の種類

| 試験の種類 | 試験の目的 | 試験の例 |
|---|---|---|
| 臨床薬理試験 | ● 忍容性評価・薬物動態，薬力学的検討<br>● 薬理活性の推測 | ● 忍容性試験・単回および反復投与の薬物動態，薬力学試験<br>● 薬物相互作用試験 |
| 探索的試験 | ● 目標効能に対する探索的使用<br>● 次の試験のための用法用量の推測<br>● 検証的試験のデザイン，エンドポイント，方法論の根拠を得ること | ● 比較的短期間の，明確に定義された限られた患者集団を対象にした代替もしくは薬理学的エンドポイントまたは臨床上の指標を用いた初期の試験<br>● 用量反応探索試験 |
| 検証的試験 | ● 有効性の証明／確認・安全性プロフィールの確立・承認取得を支持するリスクベネフィット関係評価のための十分な根拠を得ること<br>● 用量反応関係の確立 | ● 有効性確立のための適切でよく管理された比較試験<br>● 無作為化並行用量反応試験<br>● 安全性試験<br>● 死亡率／罹病率をエンドポイントにする試験<br>● 大規模臨床試験・比較試験 |
| 治療的使用 | ● 一般的な患者または特殊な患者集団および（または）環境におけるリスクベネフィットの関係についての理解をより確実にすること<br>● より出現頻度の低い副作用の検出・用法用量をより確実にすること | ● 有効性比較試験<br>● 死亡率／罹病率をエンドポイントにする試験<br>● 付加的なエンドポイントの試験<br>● 大規模臨床試験<br>● 医療経済学的試験 |

臨床試験の一般指針より

規制当局の承認審査を受け，承認取得に至る。

「**臨床試験の一般指針**」ガイドライン[1]では臨床試験を臨床薬理試験，探索的試験，検証的試験，治療的使用の4種類に分類し，目的別に整理，例を示している（**表1**）。新医薬品承認申請を目的に，「**医薬品の臨床試験の実施の基準に関する省令**」（good clinical practice, **GCP**[2]）（以下，「GCP省令」）のもとで実施される臨床試験を特に「治験」と呼ぶ。

## 2. 統計解析担当者の役割

統計解析担当者の役割は，試験の目的に適合した評価方法・変数，**試験デザイン**と統計手法，サンプルサイズ（目標症例数）の設定を含む臨床試験全般に関わる統計的事項を適切に設定，運用，報告することである。

臨床試験は「**臨床試験のための統計的原則**」ガイドライン[3]に基づき，統計的な妥当性を持って計画・立案・実施する必要がある（**表2**）。本ガイドラインは臨床試験から得

表2．臨床試験のための統計的原則の構成

| | |
|---|---|
| I. はじめに | IV. 試験実施上で考慮すべきこと |
| 1.1 背景と目的 | 4.1 治験モニタリングと中間解析 |
| 1.2 適用範囲と方向性 | 4.2 選択基準と除外基準の変更 |
| II. 臨床開発全体を通して考慮すべきこと | 4.3 集積率 |
| 2.1 試験の性格 | 4.4 必要な被験者数の調整 |
| 2.1.1 開発計画 | 4.5 中間解析と早期中止 |
| 2.1.2 検証的試験 | 4.6 独立データモニタリング委員会の役割 |
| 2.1.3 探索的試験 | V. データ解析上で考慮すべきこと |
| 2.2 試験で扱う範囲 | 5.1 解析の事前明記 |
| 2.2.1 対象集団 | 5.2 解析対象集団 |
| 2.2.2 主要変数と副次変数 | 5.2.1 最大の解析対象集団 |
| 2.2.3 合成変数 | 5.2.2 治験実施計画書に適合した対象集団 |
| 2.2.4 総合評価変数 | 5.2.3 二つの異なる解析対象集団の役割 |
| 2.2.5 複数の主要変数 | 5.3 欠測値と外れ値 |
| 2.2.6 代替変数 | 5.4 データ変換 |
| 2.2.7 カテゴリ化した変数 | 5.5 推定，信頼区間及び仮説検定 |
| 2.3 偏りを回避するための計画上の技法 | 5.6 有意水準と信頼水準の調整 |
| 2.3.1 盲検化 | 5.7 部分集団，交互作用及び共変量 |
| 2.3.2 ランダム化（無作為化） | 5.8 データの完全性の維持とコンピュータソフトウェアの妥当性 |
| III. 試験計画上で考慮すべきこと | |
| 3.1 試験計画の構成 | VI. 安全性及び忍容性評価 |
| 3.1.1 並行群間比較計画 | 6.1 評価の範囲 |
| 3.1.2 クロスオーバー計画 | 6.2 変数の選択とデータ収集 |
| 3.1.3 要因計画 | 6.3 評価される被験者集団とデータの提示 |
| 3.2 多施設共同治験 | 6.4 統計的評価 |
| 3.3 比較の型式 | 6.5 統合した要約 |
| 3.3.1 優越性を示すための試験 | VII. 報告 |
| 3.3.2 同等性又は非劣性を示すための試験 | 7.1 評価と報告 |
| 3.3.3 用量-反応関係を示すための試験 | 7.2 臨床データベースの要約 |
| 3.4 逐次群計画 | 7.2.1 有効性データ |
| 3.5 必要な被験者数 | 7.2.2 安全性データ |
| 3.6 データの獲得と処理 | 用語集 |

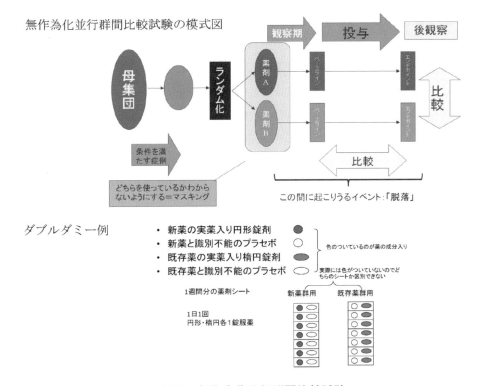

図1. 無作為化並行群間比較試験

られる結果の**偏り（バイアス）を最小**にし，精度を最大にすることを目標としている。

バイアスとは，データから得られる推定値と真の値との系統的なずれ・偏りを意味する。臨床試験におけるバイアスへの対処として，処置方法の選択を**ランダム化**したり，比較したい治療法・試験薬剤のうちどちらを使っているかわからないよう**マスク化（ブラインド化，盲検化）** を行うことが多い。

開発段階で実施される典型的な試験として，無作為化並行群間比較試験がある（図1）。これは，治療薬剤をランダムに患者さんに割り付け（ランダム化），組み入れや評価のバイアスを最小とする目的の試験デザインである。効果に影響する可能性のある因子ごとにランダム化し，統計的な調整を行うことも多い（層別割り付け，共変量による調整）が，未知の因子についてもランダム化されることは大きなベネフィットである。また，新薬と標準薬の比較に際してそれぞれの識別不能プラセボを用意し組み合わせて投与する「ダブルダミー法」を用いることも多い。これは，医師・患者さん・治験依頼者を含む関係者がどちらの薬剤を使っているか判別できなくすることにより，思い込みや意図的なバイアスを排除するために行われる。

臨床試験では，所与の投与期間において所与の時点で有効性の評価指標を経時的に観測することが少なくない。そして，投与期間の最終時点データに基づき治療の薬剤間の比較を行う。しかしながら，投与期間中に，効果不十分や有害事象発現などの理由で投与を打ち切る場合がある（従来「脱落」という呼び方がされてきたが，不完全データあるいは欠測デー

タ (missing) と呼ぶのが普通になってきている)。欠測データが生じる理由は何らかの薬剤の作用の影響である可能性があるため，統計解析担当者はこれらのデータを注意して扱う必要がある。最終時点が観測されていない患者さんについて，利用可能な最終の値を最終時点の観測値として補完する場合も多かった (last observed carried forward, LOCF) が，これはバイアスを誘導することが知られており，昨今研究者や規制当局が問題視し始めている。そのため，さまざまな統計モデルによる方法による比較や打ち切り後のデータの収集などへの対策が検討されてきているが，多くの場合本質的な解決方法は存在しない。解析担当者には新しい潮流も把握して柔軟・緻密に考察し，実際の試験に適用する能力も問われ始めている。

## 3. 治験実施計画書

「**治験実施計画書**」（プロトコル）は GCP 省令のもとで実施される臨床試験の計画書であり，実施手順・試験スケジュール，報告手順や方法を記載した詳細な文書である。治験実施計画書の検討段階で最も重要なのは，早い段階で**リサーチ・クエスチョン**を明確にして関係者と共有し，文書化することである。治験実施計画書は治験の最重要文書であり，試験実施前に作成しなければならない。重要な事項はすべて事前に定義しておくという考え方（事前定義主義）で作成・運用し，変更履歴管理を行う。治験実施計画書の構成と内容は総括報告書ガイドラインで規定されている。統計解析の技術的事項を含む詳細な文書は「統計解析計画書」として別途作成する。

統計解析担当者は開発チームの一員として治験実施計画書を検討，作成する（通常は著者として含まれる）。リサーチ・クエスチョン，評価方法，評価項目の設定（主要変数，副次変数），試験デザイン，解析対象集団といった計画の根幹となるものはチームの協力のもとで検討，決定する。そのため，統計担当者には開発品目の薬剤に関する知識，疾患に関する知識が必要であり，統計的な事項をわかりやすく説明し，チームメンバーの理解を得るための解りやすい説明と，議論をする能力も必要である。

評価項目を設定するとき，事前情報としてその変数（変化量など）の平均値とばらつきなどの推定値，解析対象集団の特性などを収集・評価し，期待する反応の大きさとばらつきを想定する。適用する統計手法に応じ，**サンプルサイズ**の推定・検出力の評価を行い，効果を証明するために必要となる目標症例数を試算する。情報の偏りも十分に考慮に入れなければ，期待する成績と実際の成績が大きく異なる可能性が高くなるため，慎重な事前検討と評価が必要となる。得られた情報からさまざまな条件を想定し，コンピュータを用いたシミュレーションを行う場合も多い。

試験の早期中止や試験デザインの変更の判断を伴う試験デザインが増えつつあり，盲検解除（ランダム化のキーを開ける；unblinding）を伴う中間解析を行うこととなる。この場合，治験の当事者に対する盲検性を維持するため，統計解析の実施を第三者機関に委託するこ

とが通例である．統計解析担当者は，統計的検討を中間解析と最終解析など複数回実施することに伴う多重性への対処に加え，データの固定手順・範囲や受け渡し手順，組織・体制，判断基準や留意点の検討にも加わり，治験実施計画書の詳細な記載の責務を負う．昨今複雑な統計解析手順の必要な場合も多く，統計解析担当者の役割と責任はますます大きくなっている．

新しい領域の薬剤について，試験デザイン，評価変数の設定や中間解析など，統計解析担当者の関与する局面は多岐に渡り，計画段階や審査段階で規制当局の専門官と直接協議を行うことも多くなっている．米国やヨーロッパでの状況なども含めた議論の機会も増えており，広い活動範囲に加えて高い情報収集能力と英語によるコミュニケーション能力も必要となりつつある．

## 4. データマネジメントの役割

データマネジメントの役割は，データベースの設定・運用・管理，収集するデータの管

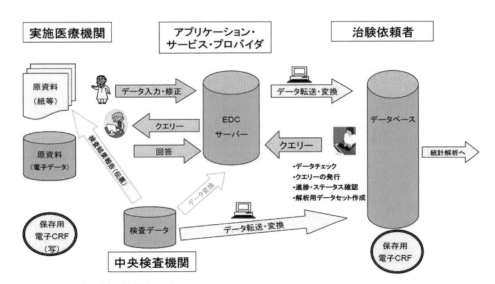

- EDC の対象となるデータ
  - 治験責任医師・治験分担医師・治験協力者により直接入力されるもの
  - 中央検査データ、機器から直接取得されるデータ（ECG 等）
- EDC に用いるコンピュータシステム
  - 実施医療機関・治験依頼者はネットワーク経由でアクセス
- 業務分担
  - 実施医療機関、アプリケーションサービスプロバイダ（協力会社）、治験依頼者、中央検査機関

「臨床試験データの電子的取得に関するガイダンス」より

図2．EDC におけるデータの流れ例

理および内容の不整合の解決（データクリーニング）を行い，正確なデータを統計解析担当者に受け渡すことである．以前は，医療機関で紙の**症例報告書**（以下，「**CRF**」）に手書きで記入したものをデータマネジメントの入力担当者が入力してきたが，近年ではインターネットを利用し，ウェブブラウザ上で動くシステムに医療機関でデータを入力する方法（electronic data capture, **EDC**）が主流となりつつある．EDCにおけるデータの流れの例を図2に示す[4]．

治験実施計画書に含まれる，評価・収集するデータの項目および評価のタイミング・スケジュールは，データベースの構造やCRF（紙およびEDC）のデザインに直接関係する．データマネジメント担当者はデータ項目とスケジュールについて次に述べる**データ標準**に適合できるかなど，計画立案と並行して検討する．

EDCシステム選定やベンダーとの協議なども早い段階から始める必要がある．多くのEDC製品はアプリケーションサービスという形態で提供され，専用のコンピュータシステムを治験依頼者（製薬企業）に物理的に導入するものではない．数年にわたりスムーズに利用するためには綿密な準備と組織体制が必要となる．

データベースの定義書やEDCシステムに関連する文書は，治験実施計画書とは独立して準備する（収集する項目，スケジュールは治験実施計画書で定義している）．また，得られるデータの品質を保証するために**コンピュータシステムバリデーション**（computer system validation, CSV）を行うが，CSVの手順書や記録，結果報告など多くの種類の文書を作成・管理する必要がある．

## 5. データ標準

近年，データの標準化の必要性・重要性が注目され，医薬品業界では新医薬品開発段階のデータの標準化を推進しつつある〔臨床データ交換標準コンソーシアム（clinical data interchange standards consortium）／以下，「**CDISC**」〕[5]．データベースのテーブル名，カラム（項目）名や属性を標準化し，規制当局や開発業務受託機関，共同開発等に伴うデータの受け渡し，データ再利用をスムーズに行うことにより，それぞれの業務を円滑に行うことが目的である．データ標準を採用することにより，臨床試験のデータを格納するデータベース設定や入力システムの準備，入力項目間の不整合確認を含むデータクリーニングやデータモニタリングの準備が効率化できる．たとえばEDCのセットアップの際は，データベースのテーブル，カラム名や属性，コードリストや参照するシソーラスなど標準のものを再利用することにより追加変更は最少とし，データを入力する画面や制御システムも極力再利用する．データベースが標準化できればデータクリーニングのツールや手順も標準に従うことができ，統計解析に用いるデータ内容の信頼性が高まり，最終的には臨床試験の結果そのものの信頼性が高まる．

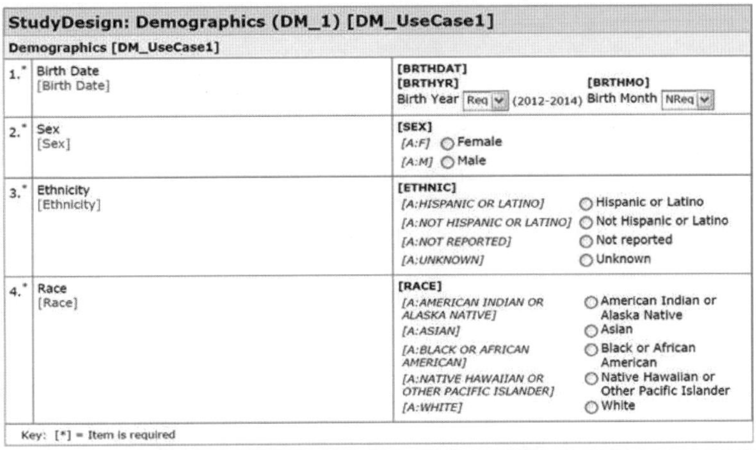

| StudyDesign: Demographics (DM_1) [DM_UseCase1] | |
|---|---|
| 1.* Birth Date [Birth Date] | [BRTHDAT] [BRTHYR] [BRTHMO]<br>Birth Year Req (2012-2014) Birth Month NReq |
| 2.* Sex [Sex] | [SEX]<br>[A:F] ○ Female<br>[A:M] ○ Male |
| 3.* Ethnicity [Ethnicity] | [ETHNIC]<br>[A:HISPANIC OR LATINO] ○ Hispanic or Latino<br>[A:NOT HISPANIC OR LATINO] ○ Not Hispanic or Latino<br>[A:NOT REPORTED] ○ Not reported<br>[A:UNKNOWN] ○ Unknown |
| 4.* Race [Race] | [RACE]<br>[A:AMERICAN INDIAN OR ALASKA NATIVE] ○ American Indian or Alaska Native<br>[A:ASIAN] ○ Asian<br>[A:BLACK OR AFRICAN AMERICAN] ○ Black or African American<br>[A:NATIVE HAWAIIAN OR OTHER PACIFIC ISLANDER] ○ Native Hawaiian or Other Pacific Islander<br>[A:WHITE] ○ White |

Key: [*] = Item is required

| Row | SUBJID | BRTHYR | BRTHMO | SEX | ETHNIC | RACE |
|---|---|---|---|---|---|---|
| 1 | 100008 | 1930 | Aug | M | NOT HISPANIC OR LATINO | ASIAN |
| 2 | 100014 | 1936 | Nov | F | HISPANIC OR LATINO | AMERICAN INDIAN OR ALASKA NATIVE |
| 3 | 200001 | 1923 | Sep | M | HISPANIC OR LATINO | WHITE |
| 4 | 200002 | 1933 | Jul | F | NOT HISPANIC OR LATINO | BLACK OR AFRICAN AMERICAN |
| 5 | 200005 | 1937 | Feb | M | NOT HISPANIC OR LATINO | WHITE |

CDASH User Guide V1-1.1 Library of Example CRFs より

図3. CDISC 標準に基づく EDC 画面イメージとデータ例

　一方，世界的に新薬承認審査にあたって審査の効率化を進めるために，申請企業から審査当局に CDISC 標準に準拠した臨床試験データの提出を行うこととなった（日本では 2016 年 10 月 1 日より受付開始）[6]。そのためにも，標準化の推進は新医薬品開発を行う製薬会社にとって極めて重要なこととなっている。審査側としては，審査の効率化が主な目的であるが，もう一つの側面として，たとえば同じクラスの薬剤の情報を蓄積することで新たな薬剤反応などのモデルを構築しシミュレーションを行うなど，次の世代の医薬品開発に役立てるためのデータ再利用についても考えられている。

　CDISC 標準に基づく EDC 画面のイメージとデータ例を図3に示す。

　データの標準化は人口動態データや安全性関係の情報を中心として検討が進んできているが，有効性についての情報は疾患・薬剤ごとに異なる面も多く，標準化に時間がかかっているが，精力的に開発が進められている。また，バイオマーカーの利用など新しい評価項目の導入も進んできているため，疾患領域や開発品目の新規性に応じてさらに検討が必要な点も多く，さらに，国際共同治験を利用した世界同時開発や複雑な試験デザインが多くなってきたことから，データマネジメント担当者はより広範囲の関係者と協力して検討を進める必要に迫られている。

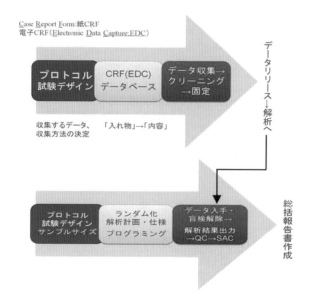

図4. データマネジメントと統計解析のプロセス

## 6. データマネジメントと統計解析のプロセス

　データマネジメントと統計解析の業務は時間的にはほぼ重なっており，スムーズな連携が必要となる（図4）。

　統計解析担当者はデータマネジメントから受け取ったデータにランダム化情報や層別に用いられる因子など，解析上よく使う変数を付加して解析用データセットを作成する。これらも CDISC 標準が開発されつつあり，標準的な解析ツール・プログラムを適用することにより効率的に作表，統計解析が容易となるよう整備が進んできている。

## 7. 総括報告書作成

　個々の臨床試験の概要と成績をまとめたものは「**総括報告書**」と呼ばれる。総括報告書の構成と内容はガイドラインで規定されており[7]，専門家（メディカルライター）が作成する場合が多い。統計解析の結果は独立した「解析報告書」として統計解析担当者が著者として作成する場合もあったが，現在では総括報告書で報告書は一本化されるケースが増えているようである。

## 8. コモン・テクニカル・ドキュメント

　開発段階での品質データ，非臨床データと臨床データを統合して承認審査のための資料〔**コモン・テクニカル・ドキュメント**（common technical document）／以下，「CTD」〕を取りまとめる。CTD の構成と内容もガイドラインで規定されており[8]，ここでもメディ

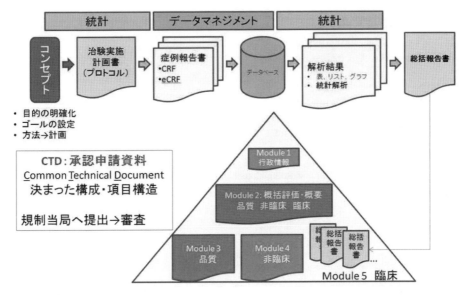

**図 5. コンセプト〜治験実施計画書〜総括報告書〜 CTD**

カルライターが重要な役割を持つ．統計解析担当者はメディカルライターが作成した総括報告書の内容や CTD への記載内容についてのレビューを行い，必要に応じて適切なアドバイスを行う．開発のコンセプトから CTD までの流れを図 5 に示す．

　CTD は審査当局における新薬承認申請の審査での主要な評価資料であり，日本では承認後にその電子ファイルが審査報告書とともに医薬品医療機器総合機構のウェブページで公開される[9]．

　臨床試験の目的は，新医薬品に有効性のあることの証明，安全性上の特徴，臨床現場での使用にあたって参考となる情報を得ることである．申請する企業はこれらの情報を得られた試験成績をもとに整理，見解を CTD に記載する．臨床試験については，国内外で実施された治験をもとに安全性，用量反応関係，用法・用量，検証された成績，および新薬の位置づけなどが要約される．開発の計画段階においては，個々の治験の計画段階で，CTD および最終的には添付文書で，対象疾患に対する治療情報をエビデンスに基づき示すためのシナリオ検討，ゴールの設定が必要となる．各治験実施計画書の計画立案に参加するメンバーの一人として，統計解析担当者はゴールを見据え，広い視野と高い科学性と倫理性を持つ必要があるといえるだろう．

■参考文献（最終アクセス：2018 年 8 月 6 日）
1）臨床試験の一般指針（1998）
　　http://www.pmda.go.jp/files/000156372.pdf
2）医薬品の臨床試験の実施の基準に関する省令
　　https://www.pmda.go.jp/int-activities/int-harmony/ich/0028.html
3）臨床試験のための統計的原則（1998）
　　http://www.pmda.go.jp/files/000156112.pdf
4）日本製薬工業協会 医薬品評価委員会 臨床試験データの電子的取得に関するガイダンス（2007）
　　http://www.jpma.or.jp/about/basis/guide/pdf/20071101guidance.pdf
5）CDISC J3C
　　http://www.cdisc.org/j3c-jp-language
6）医薬品医療機器総合機構「次世代審査・相談体制について（申請時電子データ提出）」
　　https://www.pmda.go.jp/review-services/drug-reviews/about-reviews/p-drugs/0003.html
7）治験の総括報告書の構成と内容に関するガイドライン（1996）
　　https://www.pmda.go.jp/files/000156923.pdf
8）ICH-M4 CTD（コモン・テクニカル・ドキュメント）
　　https://www.pmda.go.jp/int-activities/int-harmony/ich/0035.html
9）医薬品医療機器総合機構 審査報告書・申請資料概要
　　https://www.pmda.go.jp/review-services/drug-reviews/review-information/p-drugs/0020.html

## 問題と解答

**問題 1.**（　）内に適切な用語を記入せよ。

　無作為化並行群間比較試験とは臨床試験における（　イ　）への対処の方法として（　ロ　）と（　ハ　）を適用したものである

**解答**

　イ）バイアスまたは偏り
　ロ）ランダム化
　ハ）マスク化またはブラインド化または盲検化

　薬剤効果・安全性の評価にあたり，何らかの因子がバイアスとならないよう投与する薬剤をランダムに決め，また，使用する薬剤を識別できないようにする（マスク化）ことにより試験の実施・評価への影響を小さくする。

**問題 2.** データ標準導入で期待することを次から <u>4 つ選べ</u>。

a) コストダウン
b) 効率化
c) データ再利用
d) 信頼性向上
e) 不完全データ対策

**解答　a, b, c, d**

標準的なデータベース，コンピュータプログラムなどを使用することにより，作業の効率化・データの信頼性向上が期待でき，最終的にはコストダウンにつながる。さまざまな立場で同じ標準を導入することにより，データの再利用が促進される。不完全データはデータの内容の問題であるため，データモニタリングでの対処を決めておく必要がある。


**問題 3.** 次の選択肢から治験実施計画書に<u>記載しないもの</u>を 1 つ選べ。

a) 試験の目的
b) 何が達成できたらこの試験は成功したといえるか
c) 対象患者の条件
d) 評価項目・方法
e) 統計解析手法
f) データベース定義
g) 組織・体制

**解答　f**

統計解析方法の詳細やデータベースの構造や参照するテーブルなどの技術的文書は別文書として作成する（「統計解析計画書」など）。

# 第2章 ● 応用編

# 10. モニタリングの実際

**KEY WORD** モニター（CRA），原資料，必須文書，症例報告書，直接閲覧，有害事象，EDC，リモートSDV，ランダムSDV，RBM

## 1. モニタリングの定義[1)]

　最近，医薬品・医療機器の製造販売承認の取得を目的とした「治験」だけでなく，自主臨床試験においてもモニタリングが課せられるようになってきた。治験以外の医学系研究については，「人を対象とする医学系研究に関する倫理指針」（2014年12月22日公布）においてモニター業務等が規定されているが，両者の内容は，治験依頼者の有無こそあれ基本的な相違はない。そのため，ここでは治験におけるモニタリングの定義について述べる（自主臨床試験の場合は，"治験"を"臨床試験"と読み替えて解釈する）。

　モニタリングとは，医薬品の臨床試験の実施の基準に関する省令（good clinical practice, GCP）（以下，「GCP省令」）の第2条16項および第21条において，"治験が適正に行われることを確保するために，治験の進捗状況ならびに治験がGCP省令および治験実施計画書に従って行われているかどうかについて治験依頼者が行う調査"とされており，治験依頼者によって指名された**モニター**（clinical research associate, CRA）（以下，「CRA」）により行われる。CRAが適切なモニタリング活動を行うことで，治験依頼者は治験データの品質を管理し，信頼性を確保する。

### 1-1. モニタリングの目的

　GCP省令にはモニタリングの目的や範囲，方法が明記されており，すべての治験実施施設に対し，治験前・中・後を通じて行われる。主に次の事項の確認を目的とし，治験データの品質を管理する。

(1) 被験者の人権，安全および福祉が保護されていること。
(2) 治験が最新の治験実施計画書，「医薬品，医療機器等の品質，有効性及び安全性の確保等に関する法律（旧薬事法）」およびGCP省令を遵守して実施されていること。

(3) 治験責任医師または治験分担医師から報告された治験データ等が正確かつ完全で，**原資料**等の治験関連記録に照らして検証できることを確認すること。

## 1-2．CRAとは

　治験依頼者は，モニタリングを実施する者を「CRA」として指名する。CRAは，治験を十分にモニタリングするために必要な科学的および臨床的知識を得るため，治験依頼者から適切な訓練を受ける。

　また，治験依頼者はCRAの要件を文書で定めておく必要があり，CRAが有すべき資質，技術等を次のように具体的に定めている。

(1) 治験に関する一般的知識（倫理的原則，治験とは何か，治験の流れと手順，**必須文書**について等）を有している。
(2)「医薬品，医療機器等の品質，有効性及び安全性の確保等に関する法律（旧薬事法）」，GCP省令等の規制要件を理解し，遵守できる。
(3) 治験に関する情報はもとより，被験者のプライバシーに関する機密を保全できる。
(4) 治験依頼者の定めたモニタリング手順書を遵守し，モニタリングした内容を正確に記録に残し，報告することができる。
(5) 治験責任医師をはじめとした治験実施施設のスタッフと円滑なコミュニケーションをとり，治験薬の安全性，有効性等に関する正確な情報交換ができる。
(6) 担当する治験に関する情報〔治験実施計画書，**症例報告書**（case report form, CRF）（以下，「CRF」），治験薬概要書，治験薬管理手順書等〕を熟知し，治験責任医師等治験実施施設のスタッフに説明することができる。
(7) 医学，薬学，看護学，臨床検査学等を中心とする自然科学系の基礎的知識を有する。

## 1-3．モニタリングの必要性

　医薬品を製造販売するためには規制当局の承認許可が必要であり，申請者（治験依頼者）は信頼性が保証された審査資料を提出しなければならない。

　医薬品，医療機器等の品質，有効性および安全性の確保等に関する法律（旧薬事法）第14条第3項には，「医薬品の承認を受けようとする者は，厚生労働省令で定めるところにより，申請書に臨床試験の試験成績に関する資料その他の資料を添付して申請しなければならない。この場合において，当該申請に係る医薬品が厚生労働省令で定める医薬品であるときは，当該資料は，厚生労働省令で定める基準に従って収集され，かつ，作成されたものでなければならない」と規定されている。なお，提出される種々の審査資料のうち，ヒトでの有効性・安全性に関する治験データは，申請者（治験依頼者）ではなく治験実施施設において得られるものである。したがって，治験実施施設における厚生労働省令（特にGCP省令）の遵守は極めて重要である。

GCP省令では，治験における被験者の人権保護，安全の保持および福祉の向上とともに，治験の科学的な質と成績の信頼性の確保を求めている。また，治験は科学的に検討された適正な計画に基づき，かつ治験に参加する被験者への倫理的配慮がなされた上で実施され，得られた情報は正確な解釈および検証が可能になるように記録され，取り扱われ，保存されなければならないとされている。治験実施施設から報告されたデータは，申請者（治験依頼者）において集計ならびに統計解析が行われ，審査資料となる治験総括報告書（clinical study report，CSR）としてその成績がまとめられる。

　CRAは治験依頼者の代表として，担当施設を適切にモニタリングすることで，治験総括報告書の元となるデータの信頼性を確保し，治験実施施設で適切に治験が実施されているかどうかを確認しなければならない。

## 2．モニタリングの実際

　モニタリングは治験の実施時期から，大きく分けて次の3つの段階により行われる。

図1．モニタリングの流れ

### 2-1．治験実施前

#### 2-1-1．選定調査（治験責任医師・治験実施施設）

　治験実施計画書の骨子が完成した段階で，CRAは治験の打診のため，治験責任医師候補となる医師を訪問し，治験の概要を説明する。医師がその治験に意欲を示し，対象患者も見込まれ，CRAが当該施設で治験の実施可能性有と判断すると，治験責任医師および

治験実施施設の選定調査を行う。これは，治験責任医師候補の医師の治験経験や臨床経験等をもとに，治験責任医師として治験を実施可能か，そして，実施予定施設の設備や治験審査委員会（institutional review board, IRB）（以下，「IRB」）の情報をもとに，治験実施施設として適切か，を調査するものである。

なお，近年の大規模臨床試験では，治験施設支援機関（site management organization, SMO）が前段階として実施可能性調査を行い，治験依頼者はその結果をもとに訪問先を決定する場合も多い。また，治験データを得るための検査機器について，適切な精度管理が行われているかどうかも重要な調査項目になっている。

### 2-1-2. 治験実施計画書等についての合意

CRAによる選定調査の結果をもとに，治験依頼者内で治験責任医師および治験実施施設としてそれぞれ「適」と判断されれば，治験責任医師と治験実施計画書等について合意書を取り交わす。この合意書は，治験依頼者の代表者と治験責任医師の間で取り交わされるものである。

### 2-1-3. IRBでの承認と治験実施施設の長の了承

合意書を取り交わした後，IRBにて治験実施の可否について審議するため，CRAは治験に関する資料をまとめ，提出する。この中には，被験者に対して治験の内容を説明するための説明文書・同意文書も含まれる。説明文書・同意文書は，GCP省令で必要とされる内容を網羅した治験依頼者が作成する案をもとに，治験責任医師が作成するものである。

### 2-1-4. 契約締結

IRBで承認された後，医療機関の長の了承を得て治験契約を締結する。契約書には，GCP省令で必須とされている事項と当該治験に関する情報だけでなく，研究結果の帰属や各治験依頼者独自の項目等，多岐にわたる条項が含まれており，CRAは細心の注意を払って内容を確認しなければならない。中でも，治験依頼者が負担する費用については，保険外併用療養費制度を踏まえ，契約締結前に治験責任医師・治験事務局等と詳細に協議しておく必要がある。

### 2-1-5. 治験薬の搬入

治験契約締結後，CRAは治験薬を搬入する。以前はCRA自身が治験薬を搬入していたが，旧薬事法およびGCP省令の改訂や，厳密な温度管理が必要な治験薬が多くなったことにより，CRAを介さず，治験依頼者の倉庫から運搬業者が直接治験実施施設に搬入することが増えている。

### 2-1-6. 治験説明会

CRA は治験責任医師，治験分担医師，臨床研究コーディネーター（clinical research coordinator, CRC）等のみならず，薬剤部や臨床検査部，医事課スタッフ等，関連部署のスタッフに対して，実施する治験の説明会を行う（スタートアップミーティングあるいはキックオフミーティング等と呼ばれ，GCP 省令の内容に関するトレーニングも含まれる）。また，治験薬以外に搬入する資材（外注用の検査キットや中央測定用の心電計等）がある場合は，治験開始前にすべて搬入しなければならない。これにより治験準備が完了し，治験が開始される。

## 2-2. 治験実施中

### 2-2-1. 被験者の登録

治験実施計画書で規定された適格基準に合致した被験者が登録されているかの確認を行う。適格基準に合致していない被験者が登録されていた場合，治験のデータに極めて大きな影響を与えるため，特に慎重なモニタリングが必要である。

### 2-2-2. 症例報告書（CRF）および必須文書の直接閲覧（SDV）

原資料等の治験関連記録のデータが適切に CRF に報告されているか，必須文書が適切に保管されているか，について**直接閲覧（source data verification, SDV）**（以下，SDV）を行う。CRF の SDV のタイミングは，治験実施計画書ごとに定められていることが多く，被験者の来院頻度や登録例数により異なる。必須文書の SDV については，年 1 回程度が一般的である。

### 2-2-3. 治験薬の管理

治験実施期間中，適切に治験薬が保管されているかどうかの確認を行う。特に温度管理は重要で，定期的に定められた温度域で保管されているかどうかを確認しなければならない。

### 2-2-4. 安全性情報の提供・収集

治験薬に関する新たな安全性情報を，GCP 省令で定められた期限内に治験責任医師および治験実施施設の長に提供し，治験継続の可否，治験実施計画書や説明文書・同意文書の改訂の必要性について，治験責任医師の見解を確認する。また，施設で起こった**有害事象（adverse event, AE）**（以下，「AE」），中でも重篤な有害事象（serious adverse event, SAE）（以下，「SAE」）については，規制当局への報告が必要なため，被験者背景や発現状況，処置や経過等，詳細に確認する。

2-2-5．治験実施計画書等からの逸脱・不遵守についての対応

　治験実施計画書等からの何らかの逸脱，あるいは治験実施計画書等の不遵守があった場合，治験責任医師を含む治験実施施設のスタッフと，状況や原因について協議し，再発防止策を講じる。

2-2-6．健康被害補償の対応

　治験薬との因果関係が否定できない SAE が起こった場合等，健康被害補償の対象となった場合，医療費・医療手当等の支給手続きを行う。治験依頼者および保険会社が，発現した事象を適切に評価出来るよう情報収集する必要がある。

### 2-3．治験終了後

2-3-1．治験薬の回収

　搬入した治験薬数と使用済みの治験薬数，回収する未使用の治験薬数の整合性が取れているかを確認し，封印シールを貼る等使用できない状態にして回収する（治験によっては，使用済みの治験薬のシートやボトル等を回収する場合もある）。

2-3-2．必須文書の SDV

　保管すべき必須文書がすべて作成・保管されているかどうか確認し，治験で定められた期間（治験依頼者により異なるが，3 年あるいは 15 年）確実に保管するよう治験実施施設に依頼する。

2-3-3．規制当局への対応（実地調査・適合性調査）

　担当施設が規制当局による実地調査の対象施設となった場合，事前準備等必要に応じてサポートを行う。近年，国際共同試験では米国の FDA や欧州の EMA からの日本の治験実施施設の実地調査も行われている。また，治験依頼者で行われる適合性調査時には，担当施設の状況について，査察官からの質疑応答を行う。

2-3-4．治験結果のフィードバック

　最終的な治験結果について，治験責任医師および治験実施施設のスタッフに対し，フィードバックを行う。

## 3．最近のモニタリングの動向

　これまでモニタリングの定義および実際について述べてきたが，ここからは最近のモニタリングの動向，特に SDV について述べる。SDV はモニタリング業務の大半を占めるも

のであり，これをより効率的に実施できれば，世界で最も高いといわれる日本の治験のコストを抑えることにつながる。

## 3-1．ALCOA の原則

近年，国際共同試験が増加し，海外と同時に申請されることが増えてきた。それにより，海外での申請（各国の規制要件）にも対応できる global 標準が原資料に求められるようになってきた。日米 EU で医薬品規制の調和が図られた ICH-GCP では，治験責任医師の責務として，原資料と矛盾のない CRF の作成と，原資料と矛盾がある場合は説明が必要であること，また，CRA の責務として，治験実施施設において正確かつ完全な原資料が作成されていることを確認することを定めている。つまり，試験中に起こったすべての事実・結果・判断について，CRA の記録ではなく"医療機関で被験者の経過が追える記録（原資料）"が必要となる。その原資料に求められる要件が「ALCOA の原則」と呼ばれ，**表 1** のようなそれぞれの単語の頭文字を取ったものである。治験開始前に，治験依頼者と治験実施施設において何を原資料とするのかを十分に協議し，当該原則に則った原資料を整備していく必要がある。

表 1．ALCOA の原則

| **A**ttributable | 帰属/責任の所在が明確である |
|---|---|
| **L**egible | 判読/理解できる |
| **C**ontemporaneous | 同時である |
| **O**riginal | 原本である |
| **A**ccurate | 正確である |

## 3-2．EDC の活用

これまで，CRF は複写式の紙媒体が用いられ，原本は治験実施施設で保管，写しを治験依頼者が回収し，その写しをもとに，データの集計および解析が行われてきた。しかし，紙媒体の CRF では，データが記載されてから確認・集計されるまでにタイムラグが生じ，また，原資料から転記する際の記載漏れや記載ミスがあった際，データを追記・修正することにも時間や労力がかかった。それに対し，近年 **EDC**（electronic data capture）が普及したことにより，パーソナルコンピュータ（PC）を用いて web 上のオンラインシステムでデータの入力・確認・集計することが可能になった。これにより，従来の紙媒体では治験実施施設を訪問するまでデータの記載状況がわからなかったものが，訪問前に記載状況を把握出来，より効率的に訪問することが可能になった。さらにデータの追記・修正に関しても，1 枚の同じページで追記・修正できるだけでなく，システム上に修正履歴が残ることにより，いつ，誰が，どのように追記・修正したかを把握できるようになった。ただし，一口に EDC といってもシステムは複数あり，治験依頼者によって異なるシステ

ムを使用しているため，ログインするためのアカウントやパスワードがそれぞれ必要で，治験実施施設のスタッフにとってはその管理が一つの問題となっている。

### 3-3．リモート SDV

前述の EDC が普及してきたことに加え，電子カルテを導入している医療機関が増えてきたことから，リモート SDV の対応ができる治験実施施設も増えてきた。これにより，CRA が治験実施施設を訪問することなく，専用の通信回線を通して社内や専用の会議室等で SDV を行うことが可能になった。リモート SDV を導入することにより，治験実施施設の訪問回数や SDV の実施時間を減らすことが可能であり[2]，今後より多くの治験実施施設で対応可能になることが期待される。また，これまで治験実施を敬遠されがちであった遠隔地の医療機関でも，訪問回数を減らせることで，治験を実施できる可能性もある。ただし，個人情報保護やセキュリティの観点から，導入への課題はまだまだ多い。

### 3-4．ランダム SDV

これまで，CRA は治験に参加したすべての被験者のすべてのデータについて，SDV を実施してきた。しかし，登録症例数が多い大規模臨床試験等，すべてのデータの SDV を実施するには膨大な時間と労力がかかることが多い。そこで，各治験実施施設において，モニタリング手順書で定めた特定の症例のみ，すべてのデータの SDV を実施し，その他の症例は特定の項目のみ（同意取得日，適格基準，治験薬の投与状況，AE 等）SDV を実施する，というランダム SDV の手法が用いられるようになってきた。治験の規模により異なるが，たとえば最初に登録された 2 例はすべてのデータの SDV を実施し，そこで問題がなければ，その後は 5 例に 1 例の割合ですべてのデータの SDV を行う，といった具合である。なお，治験途中で治験実施計画書からの逸脱や不遵守があった場合には，適宜すべてのデータの SDV を実施する。

### 3-5．RBM

規制当局は risk based monitoring（RBM）について，2013 年 7 月 1 日の医薬食品局審査管理課事務連絡「リスクに基づくモニタリングに関する基本的考え方について」の中で，次のように述べている。「リスクに基づく SDV 手法とは，治験の目的に照らしたデータの重要性や被験者の安全確保の観点から，当該治験の品質に及ぼす影響を考慮し，あらかじめ定められた方法に従って抽出したデータ（データ項目に限らず，症例，医師，実施医療機関及び来院時期等も含む。）を対象として SDV を行う方法をいう」

これにより，治験依頼者は治験実施計画書作成段階から，リスクとなり得る要因を検討し，そのリスクを on-site monitoring（通常の SDV 等施設を訪問して行うモニタリング）や off-site monitoring（電話や e-mail 等を用いて施設を訪問せずに行うモニタリング）を併

用して評価しながら治験を実施するようになってきた。また，central monitoring（EDC等を活用し，施設間や参加各国間での比較，あるいは試験全体の傾向やデータの比較によるモニタリング）も用いる場合もある。それらモニタリングの評価結果に問題がなければ，治験実施施設の訪問は6ヵ月に1度，とモニタリング手順書で定めているような治験もあり，治験実施施設との協力のもと，より効率的かつコストを抑えて治験が実施可能になることが期待される。

■参考文献
1) 中野重行，小林真一，山田浩，井部俊子（編）：創薬育薬医療スタッフのための臨床試験テキストブック，pp. 192-196, メディカル・パブリケーションズ，2009
2) 山谷明正，井上和紀，望月恭子，森奈海子，笹波和秀，肥田木康彦，安永昇司，北川雅一，榎本有希子，氏原淳：リモートSDVによる治験効率化の実態と今後への期待．Jpn J Clin Pharmacol Ther 44 (1)：47-52，2013

### 問題と解答

**問題1.** モニター（CRA）の業務として適切ではないものはどれか。2つ選べ。

a) 治験実施医療機関の選定
b) 治験分担医師・治験協力者の指名
c) 治験薬の搬入・回収
d) 被験者への同意説明
e) 安全性情報の提供・収集

**解答　b, d**

治験分担医師および治験協力者は，治験責任医師が指名し，医療機関の長がそれを了承する。また，被験者への同意説明は，治験責任医師，治験分担医師あるいは治験協力者が行う。

**問題2.** 治験の契約締結時期として正しいのはどれか。1つ選べ。

a) 治験責任医師との合意取得後，治験審査委員会（IRB）申請前
b) 治験審査委員会（IRB）申請後，治験審査委員会（IRB）承認前
c) 治験審査委員会（IRB）承認後，治験薬搬入前
d) 治験薬搬入後，治験開始時の説明会開催前
e) 治験開始時の説明会開催後

**解答　c**

　治験契約は，治験審査委員会（IRB）で治験実施について承認され，その結果通知書が発行されてから締結する。契約締結後，治験薬の搬入や治験開始時の説明会（スタートアップミーティングあるいはキックオフミーティング等と呼ばれる）を実施し，治験が開始される。なお，契約締結前に治験薬を搬入してはならない（GCP 省令第 11 条）。


**問題 3.** ALCOA の原則として，誤っているのはどれか。1 つ選べ。

a）Attributable：帰属 / 責任の所在が明確である。
b）Legible：判読 / 理解できる。
c）Contemporaneous：同時である。
d）Organized：整理されている。
e）Accurate：正確である。

**解答　d**

「Original：原本である」が正しい原則である。

# 第2章●応用編

# 11. 監査の実際

**KEY WORD** 臨床研究法, 治験, 品質保証, 品質管理

## 1. はじめに

　わが国では，医薬品・医療機器の製造販売承認取得を目的とした臨床試験を「治験」といい，これ以外の臨床試験を包括する「医学系研究」と区別している．治験の実施においては，「医薬品，医療機器等の品質，有効性及び安全性の確保等に関する法律」（略称：医薬品医療機器等法）に定められた厚生労働省令「医薬品の臨床試験の実施の基準に関する省令」（good clinical practice, GCP）（以下，「GCP 省令」）の遵守が求められるが，治験以外の医学系研究に対しては「臨床研究法」が適用される．

## 2. 「臨床研究法」における監査の定義と実施

　かつて医学系研究に適用されていた「臨床研究に関する倫理指針」では，信頼性保証に関する規定はなく，品質管理は研究者の自主性に委ねられていた．しかし，臨床研究の不正事案が相次いで発生したことなどを受け，2014 年施行の「人を対象とする医学系研究に関する倫理指針」で，医学系研究のうち「侵襲（軽微な侵襲を除く）を伴う介入研究」を実施する場合には，必要に応じて監査を実施する責務が研究責任者に求められることが定められた．その後，2017 年に「臨床研究法（以下，「法」）」が公布され，さらに 2018 年に「臨床研究法施行規則（以下，「規則」）」が公布・施行されたことにより，臨床研究における品質保証の考え方がより明確となった．

　規則において，監査は"臨床研究に対する信頼性の確保及び臨床研究の対象者の保護の観点から臨床研究により収集された資料の信頼性を確保するため，当該臨床研究がこの省令及び研究計画書に従って行われたかどうかについて，研究責任医師が特定の者を指定して行わせる調査"（規則第 1 条第 7 項）と定義されている．

規則では，研究責任医師が必要に応じて研究計画書ごとに監査に関する手順書を作成し，当該手順書および研究計画書に定めるところにより監査を実施させることが求められ，監査の対象となる臨床研究に従事する者およびそのモニタリングに従事する者に監査を行わせないこと，監査に従事する者が監査の結果を研究責任医師に報告することなども定められている（規則第18条）。

監査の必要性は，当該臨床研究のリスクに応じて決まる。対象者数，対象者への不利益の程度，モニタリング等で見出された問題点，利益相反管理計画を考慮して検討されるべきである。監査を実施する場合は手順書を作成し，担当者や実施時期の計画および監査の具体的な手順を定めることが研究責任医師に求められる。

顕在的リスクの代表的なものとしては，利益相反の存在や脆弱な研究実施体制などがある。一方，潜在的リスクとしては，登録症例数の多さ，有害事象報告の極端な少なさ，症例報告書提出の遅延などが挙げられる。一般には，登録症例数の$\sqrt{n}$または5〜10％の症例を確認することが多いが，これらの決定は研究のリスクや実施体制等を鑑みて研究責任医師が決定すべきもので，明確な基準はない。

なお，当該研究が「特定臨床研究」に該当する場合は，認定臨床研究審査委員会に提出する臨床研究の実施体制の中に，監査に関する責任者を記載する必要がある。

## 3. 医学系研究（治験以外）の監査のステップ

研究者主導型臨床研究のような医学系研究（治験以外）の監査のステップの事例を図1に示す。以下，本ステップに従い監査のポイントを概説する。

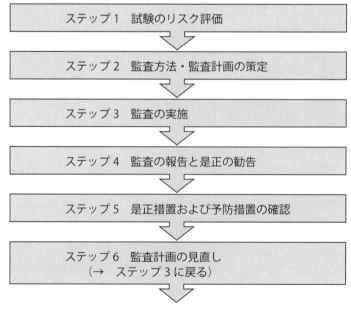

図1．研究者主導型臨床研究の監査のステップ

## 3-1. ステップ1：研究のリスク評価

監査の方法および重点確認項目を決めるため，研究のリスクを評価する。

(1) 研究リスクポイント（被験者の安全性と結果の信頼性に影響するリスク）の特定

研究の目的，研究デザイン，当該臨床研究に用いる医薬品（被験薬）等のリスク，対象集団の脆弱性，安全性情報の取扱体制，実施体制のリスク，データのトレーサビリティ（データがどのように収集・評価され解析に至るかのプロセス），データ管理やモニタリング等の品質管理体制，利益相反など。

(2) リスクの発生頻度の予測（高いのか，低いのか）

(3) リスク発生時のインパクト予測（被験者に与える安全性上の問題と，研究の結果へ与える影響）

## 3-2. ステップ2：監査方法・監査計画の策定

研究開始前に，研究実施中に確認すべきリスクを特定する。その結果に基づき当該研究における監査の要否を決定する。監査を実施する場合は，監査方法を決定し，監査手順書および監査計画書等を作成する。実施体制や実施手順は研究計画書に規定するか，もしくは別途監査手順書を作成する。当該研究が，「特定臨床研究」に該当する場合は，認定臨床研究審査委員会に提出する臨床研究の実施体制の中に，監査に関する責任者を記載する。

実施手順書および監査計画書には，以下の事項を規定すること。

(1) 実施時期：研究のどの時期に実施するか／必要に応じて追加実施するか

(2) 監査担当者：監査担当者としての要件・担当者の指名

(3) 監査方法：システム監査（研究の実施組織や運営体制を確認）
　　　　　　　症例監査（実施医療機関での実施状況を診療録などから確認）
　　　　　　　論文監査（結果の公表論文を確認）

(4) 確認項目：結果の解釈に大きな影響を与える可能性のあるプロセスおよびデータ

## 3-3. ステップ3：監査の実施

ステップ2の監査手順書および監査計画書に従って監査を実施する。

ステップ1で評価したリスクポイントに留意しながら，以下の事項を中心に研究関連文書（診療録，審査資料を含む）の確認および研究担当者へのインタビューを行う。

・各種手順書の整備状況と研究実施における遵守状況
・倫理審査委員会の審査（新規実施および計画書等の変更，重篤な有害事象，実施状況報告など）
・同意取得のプロセス（同意書の確認を含む）
・逸脱の発生状況およびその対応
・重篤な有害事象の発生状況およびその対応

- （共同研究の場合）他の施設との情報共有（安全性に関する情報の周知体制など）
- 原資料の整備状況および症例報告書と原データの整合性
- 被験薬の管理
- 検体の処理および管理
- 研究関連文書の管理および保管

### 3-4．ステップ4：監査の報告および是正の勧告

ステップ3で確認された所見の報告を行う。
(1) 監査報告書により研究責任者に報告する
　　　（日付，実施場所，担当者の氏名，監査の対象，結果の概要等）
(2) 共同研究の場合には研究代表者にも報告することが望ましい
(3) 必要に応じて，発見された問題の是正勧告を行う

所見の内容が，患者の安全性またはデータの信頼性に重大な影響を与えると考えられる場合には，特に迅速な報告が求められる。

### 3-5．ステップ5：是正措置および予防措置の確認

監査所見に基づく是正勧告に対する研究責任者等の対応内容（原因分析，是正措置および予防措置）を検証する。対応が適切でない場合は，見直しを勧告する。

### 3-6．ステップ6：監査計画の見直しの必要性の判断

確認した研究実施状況から，さらに監査の対象や頻度を増やす必要があるか等，監査計画見直しの必要性を検討する。

## 4．「治験」における監査の定義と手法

治験の実施において適用される規制要件で最も基本となるのはGCPであり，日本国内のみで実施する治験では，GCP省令およびガイダンス（以下，「GCP省令等」）の遵守が求められる。また，国際共同治験では，日米EUの医薬品規制調和を目的として作成されたICHガイドラインの一つであるICH E6（以下，「ICH-GCP」）への対応も必要となる。

GCP省令等で，監査は「治験又は製造販売後臨床試験により収集された資料の信頼性を確保するため，治験又は製造販売後臨床試験がこの省令及び治験実施計画書又は製造販売後臨床試験実施計画書に従って行われたかどうかについて治験依頼者若しくは製造販売後臨床試験依頼者が行う調査，又は自ら治験を実施する者が特定の者を指定して行わせる調査をいう」と定義されている。

一方，ICH-GCPにおける監査の定義は「A systematic and independent examination of trial related activities and documents to determine whether the evaluated trial related activities were conducted, and the data were recorded, analyzed and accurately reported according to the protocol, sponsor's standard operating procedures（SOPs）, Good Clinical Practice（GCP）, and the applicable regulatory requirement（s）」となっている。ICH-GCPの定義はGCP省令等より若干具体的であるが，基本的な手法に特段の違いはない。

治験では，監査業務の手順についても規定がある。GCP省令等の記述を**表1**に示す。

治験の監査（以下，「GCP監査」）では，手順書の作成，担当者の資格要件と独立性，監査対象，監査報告書の作成，監査証明書の発行などのプロセスを明確に規定する必要がある。

また，GCP監査は，その目的に応じて「施設監査」「システム監査」「書類監査」の3種に分類されるが，いずれの監査も治験のリスクに応じて実施の要否や頻度が検討される。

## 4-1. 施設監査

GCP監査のうち最も一般的なのは，特定の治験実施中に実施される施設監査である。実施に先立ち，以下のような要素に対してリスク評価が行われ，その結果に応じて監査対象施設数が決められる。

- 当該プロジェクト / 試験の重要度
- 症例数
- 施設数
- 治験の難易度
- 当局査察の実施状況
- 規制要件の特殊性や変更（国際共同臨床試験の場合）
- その他，参加国特有のリスク（国際共同臨床試験の場合）

監査対象となる施設数が決定すれば，施設選定を開始する。施設選定では，次のような要素が検討され，最もリスクが高い施設から順に監査対象施設の候補とする。

- 治験の進捗状況（契約例数，登録例数，割付例数など）
- 監査の経験
- 当局査察の経験
- モニタリング状況
- 逸脱件数
- 重篤な有害事象の発生件数
- データに対する懸念
- その他の懸念事項

## 表 1. GCP 省令 / ガイダンス

第 23 条　治験依頼者は，監査に関する計画書及び業務に関する手順書を作成し，当該計画書及び手順書に従って監査を実施しなければならない。
2　監査に従事する者（以下「監査担当者」という。）は，医薬品の開発に係る部門及びモニタリングを担当する部門に属してはならない。
3　監査担当者は，監査を実施した場合には，監査で確認した事項を記録した監査報告書及び監査が実施されたことを証明する監査証明書を作成し，これを治験依頼者に提出しなければならない。
〈第1項〉
1　監査の目的は，治験の品質保証のために，治験が本基準，治験実施計画書及び手順書を遵守して行われているか否かを通常のモニタリング及び治験の品質管理業務とは独立・分離して評価することにある。
2　治験依頼者は，治験のシステム及び個々の治験に対する監査について，監査の対象，方法及び頻度並びに監査報告書の様式と内容を記述した監査手順書を作成し，監査が当該手順書及び当該手順書に基づいた監査計画に従って行われることを保証すること。また，監査担当者の要件を当該手順書中に記載しておくこと。
3　治験のシステムに対する監査は，治験依頼者，実施医療機関及び治験の実施に係るその他の施設における治験のシステムが適正に構築され，かつ適切に機能しているか否かを評価するために行うものである。
4　個々の治験に対する監査は，当該治験の規制当局に対する申請上の重要性，被験者数，治験の種類，被験者に対する治験の危険性のレベル及びモニタリング等で見出されたあらゆる問題点を考慮して，治験依頼者，実施医療機関及び治験の実施に係るその他の施設に対する監査の対象及び時期等を決定した上で行うこと。
5　監査担当者も必要に応じて実施医療機関及び治験に係るその他の施設を訪問し，原資料を直接閲覧することにより治験が適切に実施されていること及びデータの信頼性が十分に保たれていることを確認すること。
6　治験依頼者は，モニタリング，監査並びに治験審査委員会及び規制当局の調査時に，治験責任医師及び実施医療機関が原資料等のすべての治験関連記録を直接閲覧に供することを実施医療機関との治験の契約書及び治験実施計画書又は他の合意文書に明記すること。
7　治験依頼者は，モニタリング，監査並びに治験審査委員会及び規制当局の調査時に，被験者の医療に係る原資料が直接閲覧されることについて，各被験者が文書により同意していることを確認すること。
〈第2項〉
1　治験依頼者は，治験の依頼及び治験の実施に直接係る業務とは無関係の者で，教育・訓練と経験により監査を適切に行いうる要件を満たしている者を監査担当者として指名すること。
〈第3項〉
1　監査担当者は，監査の記録に基づき監査報告書を作成し，記名押印又は署名の上，治験依頼者に提出すること。監査報告書には，報告書作成日，被監査部門名，監査の対象，監査実施日，監査結果（必要な場合には改善提案を含む。）及び当該報告書の提出先を記載すること。
2　監査機能の独立性と価値を保つために，規制当局は，通常の調査の際には監査報告書の閲覧を求めないこととする。ただし，重大なＧＣＰ省令不遵守が認められる場合には，監査報告書の閲覧を求めることができる。上記1の監査の記録についても同様とする。
3　監査担当者は，監査を行った治験について，監査が実施されたことを証明する監査証明書を作成し，記名押印又は署名の上，治験依頼者に提出すること。

監査対象施設の選定が完了すれば，治験依頼者の治験実施部門および施設に監査の実施を通知する。日程調整（モニターが介在する場合もあり）が完了すれば，いよいよ施設監査の実施である。監査担当者は，監査当日までに可能な限りの施設関連情報を入手するとともに，進行表やチェックリスト等を準備する。

　監査当日は，監査担当者が施設を訪問して，当該施設の治験実施手順（SOPや役割分担の確認を含む），GCP必須文書を中心とした治験関連文書（依頼／契約／変更手続き，IRB審査，同意取得に関する書類等を含む）の作成・保管状況，原資料の作成状況等を，文書類の閲覧と治験責任医師等へのインタビューで確認する。

　監査終了後，監査担当者は監査報告書を作成し，治験依頼者に提出する。対応すべき事項（所見）がある場合，治験依頼者は問題の原因分析（root cause analysis）を行い，是正措置（corrective action, CA）および予防措置（preventive action, PA）を策定・実行する。また，一定期間が経過した際に，これらの対策が有効であったかを確認する（follow-up）。

### 4-2. システム監査および書類監査

　システム監査は，治験依頼者，開発業務受託機関（Clinical research organization, CRO），各種ベンダー（臨床検査会社など）など，治験に関与するさまざまな組織を対象に，主にプロセスの確認を目的として実施される。

　監査対象組織および実施時期はリスク評価に基づいて検討されるが，必ずしも単独治験ごとに実施されるわけではない。監査対象組織が複数治験にまたがって業務を行っている場合は，サンプルとなる治験を選択して所定の確認を行う。

　システム監査における主な確認事項は，以下のようなものである。

- 組織・体制
- 役割分担（役割と責務）
- 業務の実施プロセス（検体や成果物の授受および品質管理を含む）
- データ管理

　一方，書類監査は，治験実施計画書，治験薬概要書，同意説明文書，治験総括報告書等を対象とし，書類の作成プロセス（記録を含む），根拠資料と成果物の整合性，GCPや標準業務手順書への遵守状況等を確認することで，**品質保証**を行う。対象書類の選定方法は治験依頼者によって手順が異なるが，一定のリスク評価に基づいて監査計画を立案し，実施した結果を治験依頼者に報告する点は共通である。

　いずれの監査においても，施設監査と同様に問題の原因分析，是正／予防措置を講じ，試験やプロジェクト全体に対する品質確保につなげることが重要である。

■参考文献
1) 人を対象とする医学系研究に関する倫理指針（2014年12月22日公布）
2) 臨床研究法（2017年4月14日公布）
3) 臨床研究法施行規則（2018年2月28日公布）
4) 福田治彦：欧米におけるがん臨床試験研究グループの現状．Jpn J cancer chemother 27（8）：1144 － 1151，2000
5) 臨床試験のモニタリングと監査に関するガイドライン．医薬品・医療機器等レギュラトリーサイエンス総合研究事業「治験活性化に資するGCPの運用等に関する研究」班および大学病院臨床試験アライアンス
6) 医薬品の臨床試験の実施の基準に関する省令（平成9年3月27日 厚生省令第28号）
7) 医薬品の臨床試験の実施の基準に関する省令」のガイダンスについて」の一部改正等について（薬食審査発0404第4号 平成25年4月4日）
8) ICH Harmonised Tripartite Guideline / Guideline For Good Clinical Practice E6（R1），1996

## 問題と解答

**問題1．**「臨床研究法」に基づく研究における監査の目的は，次のうちどれか．

a) 研究の有用性を評価するため
b) 研究結果の妥当性を評価するため
c) 研究リスクの大きさを評価するため
d) 研究の収集資料の信頼性を確保するため

**解答　d**

臨床研究法施行規則において，監査は「臨床研究に対する信頼性の確保及び臨床研究の対象者の保護の観点から臨床研究により収集された資料の信頼性を確保するため，当該臨床研究がこの省令及び研究計画書に従って行われたかどうかについて，研究責任医師が特定の者を指定して行わせる調査」と定義されている．

**問題2．**監査所見が確認された場合に必要となる対応を説明せよ．

**解答**

所見の内容を研究責任者もしくは治験依頼者に報告する．その後，所見となった問題の原因分析（root cause analysis）を行い，是正措置（corrective action，CA）および予防措置（preventive action，PA）を策定・実行する．また，一定期間が経過した際に，これらの対策が有効であったかを確認する（follow-up）

### 第2章●応用編

# 12. 医療者による研究計画の立案・作成

**KEY WORD** 実施計画書（プロトコル），研究計画の立案，
研究の疑問（research question），プロトコルコンセプト，研究チーム

## 1. はじめに

　臨床研究は，科学性・倫理性・信頼性を確保し質を高く実施することが，ヘルシンキ宣言をはじめ，関連法規や倫理指針により求められている。臨床研究の実施にあたっては，研究計画の立案と実施計画書（プロトコル）の作成が開始前の大前提である。プロトコルは，臨床研究の目的，デザイン，方法，統計学的考察および組織等について記述された，研究の科学性・倫理性・信頼性を保証するためのよりどころとなる最も重要な文書である[1]。プロトコルを遵守し研究を実施することは，研究の成否を握る鍵であるといえる。

　本節では，医療者が臨床研究を企画する際に必要となる，研究計画の立案・プロトコル作成における留意点について述べる。

## 2. 研究計画の立案：テーマの設定

　研究計画の立案・作成を考えるにあたり，はじめに研究の流れを図1に示す。臨床研究はテーマの発案に始まり，プロトコルの作成，倫理審査，研究実施，データの収集・解析，結果の公表といった一連の流れがある。

　研究の立案はテーマの発案から始まる[2]。臨床研究におけるテーマは患者にとって解決すべき"臨床上の疑問（clinical question）"が出発点となり，それを"研究の疑問（research question）"に置き換えていく。Research questionへの置き換えにはEBMの手法である「問題の定式化」（PECOあるいはPICO：第1章「8. 臨床研究計画法とEBM」を参照）を利用し，具体的に言語化する。その過程で留意すべき点は，いままでに何がどこまでわかっていて，何がわかっていないのか？　今回の研究で何をどこまで明らかにするのか？　それによる社会的な貢献は何が得られると予想されるのか？　といった研究の背景と目的となる部分の合理的根拠である。

203

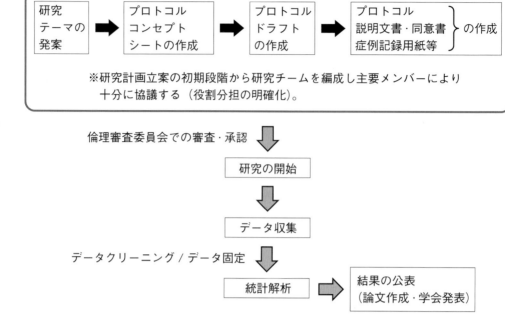

図1. 臨床研究の立案から研究開始，データ収集，解析，結果の公表までの流れ

## 3. プロトコルコンセプトの作成

　プロトコルの作成は通常，数ヵ月以上に及ぶ多大な労力を要する作業である。そこでプロトコル作成の前に，コンセプトシート（概要）の作成を行う[3]。コンセプトシートは，研究の背景，目的，具体的方法，対象，被験者数，実施期間等，欠くことのできない重要な骨子のみ（プロトコルのエッセンス）を数ページにまとめたものである。

　コンセプトシートによる検討をはじめ研究計画立案の初期段階から，研究の中心メンバーが集まり協議しながら検討することが肝要であり，それによりプロトコルの作成を効率よく行い，労力と時間を削減することが可能となる。なお，コンセプトシートの作成においては，プロトコルの骨子となる内容が科学的に，すなわち研究結果が統計学的に評価できるように計画されているか？（仮説に基づいた妥当な研究デザインか？　目的，デザイン，評価項目等に整合性があるか？），倫理性が担保されているか？（リスクを最小限にするデザインか？），実施が可能か？　等を考慮し検討していく。　統計学的観点からさらにいえば，比較可能性（内的妥当性），一般化可能性（外的妥当性），および精度を高める計画を目指す必要がある。

## 4. 役割分担

　臨床研究は協働作業で行われるため，計画段階で役割分担を明確にしておくことは研究を円滑に進める上で極めて重要である[3]。研究チームを構成するメンバーは，主任研究者を柱として，医師，薬剤師，看護師，臨床検査技師といった医療スタッフ，さらに臨床研究をコーディネートする CRC（clinical research coordinator）の存在も欠かせない。研究デザインでランダム化や二重盲検法を実施する場合は，割付担当者が必要となる。多施設共同研究となれば，各施設のスタッフがチームの一員となってくる。

　一方，QA/QC といった質の管理の側では，モニタリング・監査担当者，個人情報管理者，さらにデータマネジャー，統計解析担当者も重要な役割を担う。試験実施中の効果や安全性を監視し，必要があれば試験を途中で中止する役割を持つ「効果安全性評価委員会」といった組織も必要となる。

　このような多種多様なスタッフが目的や情報を共有し，連携・補完し合いながら協働で，それぞれの専門性を生かし役割を分担していく。

## 5. プロトコル作成から研究開始まで

　コンセプトが固まったら，次はプロトコル草案（ドラフト）の作成に入る。ドラフトができた段階で，研究の中心メンバーが再度検討し，倫理審査委員会に提出するプロトコルを完成させる。この時点で，説明文書・同意書（informed consent form, ICF），症例記録用紙（case report form, CRF）も作成し，プロトコル，ICF ほか関連書類を倫理審査委員会に提出し，審査を受ける。審査の過程で条件が付けば，適宜修正を加え改訂版とする。

　倫理審査委員会の承認後，臨床試験の事前登録を必要に応じて行う。また研究実施施設の関係スタッフとスタートアップミーティングを行い，CRF の記入方法，薬剤管理の手順，被験者のスケジュール，検査手順の流れ等を十分に確認し，検体採取時期の逸脱や欠測等が生じないように検討する。また，万が一の有害事象の発生に備え，有害事象や補償への対応の手順も確認しておく。研究開始前にこれらの手順をプロトコルの記載内容に照らし合わせ明確化しておくことで，研究チームが協働し，科学性・倫理性・信頼性を確保した研究が実施可能となる。

## 6. プロトコルの作成上の留意点

　プロトコルの書式は統一して規定されたものはないが，治験で用いられる ICH-GCP ガイドラインや厚生労働省「人を対象とする医学系研究に関する倫理指針」等の内容が記載の参考になる。ここでは，医薬品の臨床試験のプロトコルに記載された項目の具体例を，

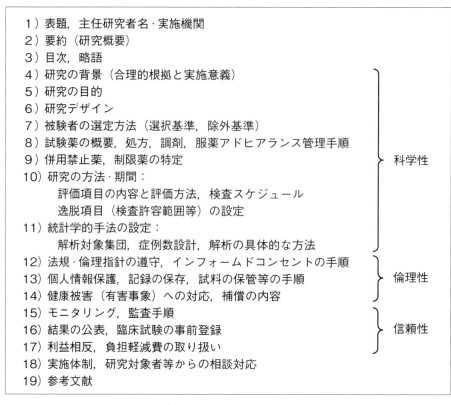

図2. プロトコルに記載される項目（例）

図2に示す。項目には，研究の科学性・倫理性・信頼性に関わる内容が分かれて記載されている。

プロトコルを作成するにあたっては，上記の項目を網羅し，科学的な文書を作成することに留意する。科学的な文書とは，先行研究を踏まえ仮説を設定し，論理的に筋道を立て，一貫性，整合性を持たせ，正確かつ明確に記載した文書のことである。また，臨床研究が多職種のチームによって行われることから，さまざまな職種が情報共有する必要性を考え，曖昧な表現を避け，かつ具体的に記載する必要がある。

　以下，プロトコルの記載項目の中で，主な留意点について記載する。
・背景・目的：（本節「2．研究計画の立案：テーマの設定」を参照）
・研究デザイン：仮説に基づいた妥当な研究デザインを選択する。
　バイアスをコントロールする方法（ランダム割付，層別化，二重盲検など）について，あらかじめ決定する（第2章「5．観察研究」，同「6．介入試験・メタアナリシス」を参照）。
・選択・除外基準，診断基準，ステージなどを標準化して示す。
・介入（試験薬）の詳細と追跡方法（評価項目・評価方法）等を標準化して示す。
・統計学的手法：仮説を証明する必要かつ十分なサンプルサイズを設定する。

- インフォームドコンセント，個人情報の保護の手順を明確化する。
- 健康被害への対応：予測される有害事象に対する対処法（試験の変更等），補償の内容を明確化する。
- データ収集・保存方法を設定する。
- 利益相反の有無を明確化する。
- 研究組織と役割分担を明確化する（本節「4. 役割分担」を参照）。

# 7. おわりに

　医療者が研究計画の立案・作成を行うにあたっては，統計学的に評価できるように計画されているかを考え，研究計画の科学性・倫理性・信頼性を十分に検討し，研究を行う意義および合理性を強固にする必要がある。さらに，臨床研究はチームで行われることから，多職種間で情報共有するための重要書類としての位置づけで，科学的文書であるプロトコルを作成する必要がある。

■参考文献

1) 内田英二：臨床試験実施計画書の作り方．創薬育薬医療スタッフのための臨床試験テキストブック〔中野重行（監），小林真一，山田浩，井部俊子（編）〕，pp.78-83, メディカル・パブリケーションズ，2009
2) Hulley SB, ほか：リサーチクエスチョンを考え，研究計画を策定する．医学的研究のデザイン 研究の質を高める疫学的アプローチ 第4版〔木原雅子・木原正博（訳）〕，pp.16-26, メディカル・サイエンス・インターナショナル，2014
3) 山田浩：ランダム化比較試験を計画する．臨床研究と論文作成のコツ〔松原茂樹（編）〕，pp.253-262, 東京医学社，2011

---

**問題と解答**

**問題 1. 研究計画に関連した内容として正しいのはどれか。2つ選べ。**

a) テーマの設定は clinical question が出発点となり，それを research question に置き換える。
b) NBM（narrative-based medicine）の手法である「問題の定式化」を用いる。
c) 研究はデータの収集から始まる。
d) 研究計画は1人で行うことが前提となる。
e) プロトコルの作成では，科学性・倫理性・信頼性を考慮する。

**解答　a, e**

a)（正）
b)（誤）EBM（evidence-based medicine）の手法を用いる。

c）（誤）研究計画はテーマの発案から始まる。
d）（誤）研究計画は初期段階からチームで行うのが前提となる。
e）（正）

**問題 2．研究の流れの順として正しいのはどれか。1 つ選べ。**

a）テーマの発案→倫理審査委員会の承認→データの収集→プロトコルの作成→結果の公表
b）テーマの発案→プロトコルコンセプトシートの作成→倫理審査委員会の承認→データの収集→結果の公表
c）テーマの発案→データの収集→プロトコルの作成→倫理審査委員会の承認→結果の公表
d）テーマの発案→プロトコルの作成→倫理審査委員会の承認→データの収集→結果の公表

**解答　d**

本節図 1 を参照。

**問題 3．研究計画で統計学的に考慮すべき記載として正しいのはどれか。2 つ選べ。**

a）研究デザインの設定に研究仮説は必要ない。
b）目的，デザイン，評価項目に整合性がある。
c）ベネフィットが高ければリスクが高くとも許容される。
d）実施可能性を十分に検討する。
e）比較可能性（内的妥当性）が一般化可能性（外的妥当性）よりも重要である。

**解答　b，d**

a）（誤）仮説に基づき研究デザインが設定される。
b）（正）
c）（誤）リスクを最小限にするデザインが求められる。
d）（正）
e）（誤）比較可能性，一般化可能性および精度を高めることが質の高い臨床研究につながる。

資料：標準正規分布表

$$P(Z \leq z) = \phi(z) = \int_{-\infty}^{z} \frac{1}{\sqrt{2\pi}} e^{-\frac{x^2}{2}} dx$$

| z | $\Phi(z)$ | z | $\Phi(z)$ | z | $\Phi(z)$ | z | $\Phi(z)$ | z | $\Phi(z)$ |
|---|---|---|---|---|---|---|---|---|---|
| 0.00 | 0.500000 | 0.38 | 0.648027 | 0.76 | 0.776373 | 1.14 | 0.872857 | 1.52 | 0.935745 |
| 0.01 | 0.503989 | 0.39 | 0.651732 | 0.77 | 0.779350 | 1.15 | 0.874928 | 1.53 | 0.936992 |
| 0.02 | 0.507978 | 0.40 | 0.655422 | 0.78 | 0.782305 | 1.16 | 0.876976 | 1.54 | 0.938220 |
| 0.03 | 0.511966 | 0.41 | 0.659097 | 0.79 | 0.785236 | 1.17 | 0.879000 | 1.55 | 0.939429 |
| 0.04 | 0.515953 | 0.42 | 0.662757 | 0.80 | 0.788145 | 1.18 | 0.881000 | 1.56 | 0.940620 |
| 0.05 | 0.519939 | 0.43 | 0.666402 | 0.81 | 0.791030 | 1.19 | 0.882977 | 1.57 | 0.941792 |
| 0.06 | 0.523922 | 0.44 | 0.670031 | 0.82 | 0.793892 | 1.20 | 0.884930 | 1.58 | 0.942947 |
| 0.07 | 0.527903 | 0.45 | 0.673645 | 0.83 | 0.796731 | 1.21 | 0.886861 | 1.59 | 0.944083 |
| 0.08 | 0.531881 | 0.46 | 0.677242 | 0.84 | 0.799546 | 1.22 | 0.888768 | 1.60 | 0.945201 |
| 0.09 | 0.535856 | 0.47 | 0.680822 | 0.85 | 0.802337 | 1.23 | 0.890651 | 1.61 | 0.946301 |
| 0.10 | 0.539828 | 0.48 | 0.684386 | 0.86 | 0.805105 | 1.24 | 0.892512 | 1.62 | 0.947384 |
| 0.11 | 0.543795 | 0.49 | 0.687933 | 0.87 | 0.807850 | 1.25 | 0.894350 | 1.63 | 0.948449 |
| 0.12 | 0.547758 | 0.50 | 0.691462 | 0.88 | 0.810570 | 1.26 | 0.896165 | 1.64 | 0.949497 |
| 0.13 | 0.551717 | 0.51 | 0.694974 | 0.89 | 0.813267 | 1.27 | 0.897958 | 1.65 | 0.950529 |
| 0.14 | 0.555670 | 0.52 | 0.698468 | 0.90 | 0.815940 | 1.28 | 0.899727 | 1.66 | 0.951543 |
| 0.15 | 0.559618 | 0.53 | 0.701944 | 0.91 | 0.818589 | 1.29 | 0.901475 | 1.67 | 0.952540 |
| 0.16 | 0.563559 | 0.54 | 0.705401 | 0.92 | 0.821214 | 1.30 | 0.903200 | 1.68 | 0.953521 |
| 0.17 | 0.567495 | 0.55 | 0.708840 | 0.93 | 0.823814 | 1.31 | 0.904902 | 1.69 | 0.954486 |
| 0.18 | 0.571424 | 0.56 | 0.712260 | 0.94 | 0.826391 | 1.32 | 0.906582 | 1.70 | 0.955435 |
| 0.19 | 0.575345 | 0.57 | 0.715661 | 0.95 | 0.828944 | 1.33 | 0.908241 | 1.71 | 0.956367 |
| 0.20 | 0.579260 | 0.58 | 0.719043 | 0.96 | 0.831472 | 1.34 | 0.909877 | 1.72 | 0.957284 |
| 0.21 | 0.583166 | 0.59 | 0.722405 | 0.97 | 0.833977 | 1.35 | 0.911492 | 1.73 | 0.958185 |
| 0.22 | 0.587064 | 0.60 | 0.725747 | 0.98 | 0.836457 | 1.36 | 0.913085 | 1.74 | 0.959070 |
| 0.23 | 0.590954 | 0.61 | 0.729069 | 0.99 | 0.838913 | 1.37 | 0.914657 | 1.75 | 0.959941 |
| 0.24 | 0.594835 | 0.62 | 0.732371 | 1.00 | 0.841345 | 1.38 | 0.916207 | 1.76 | 0.960796 |
| 0.25 | 0.598706 | 0.63 | 0.735653 | 1.01 | 0.843752 | 1.39 | 0.917736 | 1.77 | 0.961636 |
| 0.26 | 0.602568 | 0.64 | 0.738914 | 1.02 | 0.846136 | 1.40 | 0.919243 | 1.78 | 0.962462 |
| 0.27 | 0.606420 | 0.65 | 0.742154 | 1.03 | 0.848495 | 1.41 | 0.920730 | 1.79 | 0.963273 |
| 0.28 | 0.610261 | 0.66 | 0.745373 | 1.04 | 0.850830 | 1.42 | 0.922196 | 1.80 | 0.964070 |
| 0.29 | 0.614092 | 0.67 | 0.748571 | 1.05 | 0.853141 | 1.43 | 0.923641 | 1.81 | 0.964852 |
| 0.30 | 0.617911 | 0.68 | 0.751748 | 1.06 | 0.855428 | 1.44 | 0.925066 | 1.82 | 0.965620 |
| 0.31 | 0.621720 | 0.69 | 0.754903 | 1.07 | 0.857690 | 1.45 | 0.926471 | 1.83 | 0.966375 |
| 0.32 | 0.625516 | 0.70 | 0.758036 | 1.08 | 0.859929 | 1.46 | 0.927855 | 1.84 | 0.967116 |
| 0.33 | 0.629300 | 0.71 | 0.761148 | 1.09 | 0.862143 | 1.47 | 0.929219 | 1.85 | 0.967843 |
| 0.34 | 0.633072 | 0.72 | 0.764238 | 1.10 | 0.864334 | 1.48 | 0.930563 | 1.86 | 0.968557 |
| 0.35 | 0.636831 | 0.73 | 0.767305 | 1.11 | 0.866500 | 1.49 | 0.931888 | 1.87 | 0.969258 |
| 0.36 | 0.640576 | 0.74 | 0.770350 | 1.12 | 0.868643 | 1.50 | 0.933193 | 1.88 | 0.969946 |
| 0.37 | 0.644309 | 0.75 | 0.773373 | 1.13 | 0.870762 | 1.51 | 0.934478 | 1.89 | 0.970621 |

| $z$ | $\Phi(z)$ | $z$ | $\Phi(z)$ | $z$ | $\Phi(z)$ | $z$ | $\Phi(z)$ | $z$ | $\Phi(z)$ |
|---|---|---|---|---|---|---|---|---|---|
| 1.90 | 0.971283 | 2.31 | 0.989556 | 2.72 | 0.996736 | 3.13 | 0.999126 | 3.54 | 0.999800 |
| 1.91 | 0.971933 | 2.32 | 0.989830 | 2.73 | 0.996833 | 3.14 | 0.999155 | 3.55 | 0.999807 |
| 1.92 | 0.972571 | 2.33 | 0.990097 | 2.74 | 0.996928 | 3.15 | 0.999184 | 3.56 | 0.999815 |
| 1.93 | 0.973197 | 2.34 | 0.990358 | 2.75 | 0.997020 | 3.16 | 0.999211 | 3.57 | 0.999822 |
| 1.94 | 0.973810 | 2.35 | 0.990613 | 2.76 | 0.997110 | 3.17 | 0.999238 | 3.58 | 0.999828 |
| 1.95 | 0.974412 | 2.36 | 0.990863 | 2.77 | 0.997197 | 3.18 | 0.999264 | 3.59 | 0.999835 |
| 1.96 | 0.975002 | 2.37 | 0.991106 | 2.78 | 0.997282 | 3.19 | 0.999289 | 3.60 | 0.999841 |
| 1.97 | 0.975581 | 2.38 | 0.991344 | 2.79 | 0.997365 | 3.20 | 0.999313 | 3.61 | 0.999847 |
| 1.98 | 0.976148 | 2.39 | 0.991576 | 2.80 | 0.997445 | 3.21 | 0.999336 | 3.62 | 0.999853 |
| 1.99 | 0.976705 | 2.40 | 0.991802 | 2.81 | 0.997523 | 3.22 | 0.999359 | 3.63 | 0.999858 |
| 2.00 | 0.977250 | 2.41 | 0.992024 | 2.82 | 0.997599 | 3.23 | 0.999381 | 3.64 | 0.999864 |
| 2.01 | 0.977784 | 2.42 | 0.992240 | 2.83 | 0.997673 | 3.24 | 0.999402 | 3.65 | 0.999869 |
| 2.02 | 0.978308 | 2.43 | 0.992451 | 2.84 | 0.997744 | 3.25 | 0.999423 | 3.66 | 0.999874 |
| 2.03 | 0.978822 | 2.44 | 0.992656 | 2.85 | 0.997814 | 3.26 | 0.999443 | 3.67 | 0.999879 |
| 2.04 | 0.979325 | 2.45 | 0.992857 | 2.86 | 0.997882 | 3.27 | 0.999462 | 3.68 | 0.999883 |
| 2.05 | 0.979818 | 2.46 | 0.993053 | 2.87 | 0.997948 | 3.28 | 0.999481 | 3.69 | 0.999888 |
| 2.06 | 0.980301 | 2.47 | 0.993244 | 2.88 | 0.998012 | 3.29 | 0.999499 | 3.70 | 0.999892 |
| 2.07 | 0.980774 | 2.48 | 0.993431 | 2.89 | 0.998074 | 3.30 | 0.999517 | 3.71 | 0.999896 |
| 2.08 | 0.981237 | 2.49 | 0.993613 | 2.90 | 0.998134 | 3.31 | 0.999534 | 3.72 | 0.999900 |
| 2.09 | 0.981691 | 2.50 | 0.993790 | 2.91 | 0.998193 | 3.32 | 0.999550 | 3.73 | 0.999904 |
| 2.10 | 0.982136 | 2.51 | 0.993963 | 2.92 | 0.998250 | 3.33 | 0.999566 | 3.74 | 0.999908 |
| 2.11 | 0.982571 | 2.52 | 0.994132 | 2.93 | 0.998305 | 3.34 | 0.999581 | 3.75 | 0.999912 |
| 2.12 | 0.982997 | 2.53 | 0.994297 | 2.94 | 0.998359 | 3.35 | 0.999596 | 3.76 | 0.999915 |
| 2.13 | 0.983414 | 2.54 | 0.994457 | 2.95 | 0.998411 | 3.36 | 0.999610 | 3.77 | 0.999918 |
| 2.14 | 0.983823 | 2.55 | 0.994614 | 2.96 | 0.998462 | 3.37 | 0.999624 | 3.78 | 0.999922 |
| 2.15 | 0.984222 | 2.56 | 0.994766 | 2.97 | 0.998511 | 3.38 | 0.999638 | 3.79 | 0.999925 |
| 2.16 | 0.984614 | 2.57 | 0.994915 | 2.98 | 0.998559 | 3.39 | 0.999651 | 3.80 | 0.999928 |
| 2.17 | 0.984997 | 2.58 | 0.995060 | 2.99 | 0.998605 | 3.40 | 0.999663 | 3.81 | 0.999931 |
| 2.18 | 0.985371 | 2.59 | 0.995201 | 3.00 | 0.998650 | 3.41 | 0.999675 | 3.82 | 0.999933 |
| 2.19 | 0.985738 | 2.60 | 0.995339 | 3.01 | 0.998694 | 3.42 | 0.999687 | 3.83 | 0.999936 |
| 2.20 | 0.986097 | 2.61 | 0.995473 | 3.02 | 0.998736 | 3.43 | 0.999698 | 3.84 | 0.999938 |
| 2.21 | 0.986447 | 2.62 | 0.995604 | 3.03 | 0.998777 | 3.44 | 0.999709 | 3.85 | 0.999941 |
| 2.22 | 0.986791 | 2.63 | 0.995731 | 3.04 | 0.998817 | 3.45 | 0.999720 | 3.86 | 0.999943 |
| 2.23 | 0.987126 | 2.64 | 0.995855 | 3.05 | 0.998856 | 3.46 | 0.999730 | 3.87 | 0.999946 |
| 2.24 | 0.987455 | 2.65 | 0.995975 | 3.06 | 0.998893 | 3.47 | 0.999740 | 3.88 | 0.999948 |
| 2.25 | 0.987776 | 2.66 | 0.996093 | 3.07 | 0.998930 | 3.48 | 0.999749 | 3.89 | 0.999950 |
| 2.26 | 0.988089 | 2.67 | 0.996207 | 3.08 | 0.998965 | 3.49 | 0.999758 | 3.90 | 0.999952 |
| 2.27 | 0.988396 | 2.68 | 0.996319 | 3.09 | 0.998999 | 3.50 | 0.999767 | 3.91 | 0.999954 |
| 2.28 | 0.988696 | 2.69 | 0.996427 | 3.10 | 0.999032 | 3.51 | 0.999776 | 3.92 | 0.999956 |
| 2.29 | 0.988989 | 2.70 | 0.996533 | 3.11 | 0.999065 | 3.52 | 0.999784 | 3.93 | 0.999958 |
| 2.30 | 0.989276 | 2.71 | 0.996636 | 3.12 | 0.999096 | 3.53 | 0.999792 | 3.94 | 0.999959 |

# 索引

凡例
・索引は，第1章および第2章の本文を対象とした．
・索引内で使用した記号の意味は次の通り．
　　〔　〕内：省略可能な字句
　　[　]内：前の字句と置き換え可能な字句
　　（　）内：前の字句の説明または注釈の意味の字句

## 記号・数字

$\alpha$ ............................... 43, 46, 49, 50, 51, 53, 62, 70 71, 72, 73, 79, 88, 96, 99, 144
$\alpha$ error（$\alpha$ 過誤）........................... 43
$\alpha$ 消費関数 ........................ 144
$\beta$ error（$\beta$ 過誤）........................... 44
1年生存率 ........................ 126
2重対数プロット .................... 118
2値変数 ................... 104, 109, 145
5-number summary ................... 8
5年生存率 ........................ 126
50％生存期間 ...................... 126
95％信頼区間 .......... 33, 34, 35, 36, 37, 38, 147

## 英　語

### 【A】

absolute risk ........................ 83
absolute risk reduction ............ 84, 86
accuracy ........................... 81
adjustment ........................ 138
administrative data billing claims data ... 164
admission bias ..................... 138
adverse event ..................... 189
AE ........................... 189, 192
agent ............................. 121
ALCOAの原則 ................. 191, 194
alternative hypothesis .............. 42
analysis of variance ................ 91
analytical epidemiology ............ 123
ANOVA ............................ 91
AR ............................... 83
ARR ....................... 84, 86, 87

### 【B】

bias .............................. 80
bimodal ............................ 5
blinding ......................... 142
Bonferroniの方法 ................... 96
box and whisker plot ............... 13

### 【C】

CA ........................... 201, 202
case report ...................... 135
case report form .............. 186, 205
case series ...................... 135
case-control study ............... 135
categorical data ................... 3
CDISC ........................... 178
CDISC 標準 .................. 179, 180
censor ........................... 111
CENTRAL ......................... 147
central monitoring ............... 193
clinical data interchange standards consortium ........ 178
clinical question ............. 81, 146, 203, 207
clinical research ............... 79, 133
clinical research associate ....... 185
clinical research coordinator ... 142, 189, 205
Clinical research organization ... 201
clinical study ................... 133
clinical study report ............ 187
Cochran's Q test ............. 148, 151
Cochrane Database ............... 147
coefficient of variation .......... 10
cohort study .................... 135
common technical document ........ 180
comparability ................ 83, 142
computer system validation ....... 178
confidence interval .............. 33
confounding factor .............. 138
continuous data ................... 4
control .......................... 141
corrective action ............ 201, 202
count ............................. 4
counting data ..................... 4
Cox 比例ハザードモデル ........... 117
CRA .......... 185, 186, 187, 188, 189, 191, 192, 193
CRC ........................ 142, 189, 205
CRF .................. 178, 186, 189, 191, 205
CRO ............................. 201
cross table ....................... 11

| | |
|---|---|
| crossover design | 143 |
| cross-sectional study | 134 |
| CSR | 187 |
| CSV | 178 |
| CSVの手順書 | 178 |
| CTD | 180, 181 |
| CV | 10 |

## 【D】

| | |
|---|---|
| database | 164 |
| DB | 164 |
| DerSimonian-Laird法 | 148 |
| descriptive epidemiology | 123 |
| deviation | 9 |
| diagnostic bias | 138 |
| discharge Abstract | 164 |
| discrete data | 4 |
| double blind | 142 |
| DPC | 165 |
| DPC導入の影響評価に関する調査 | 165 |
| drug registry | 164 |
| Dunnettの方法 | 96 |

## 【E】

| | |
|---|---|
| EBM | 79, 81, 83, 126, 130, 133, 142, 146, 166, 167, 203, 207 |
| EBMのステップ | 81 |
| EDC | 173, 178, 179, 185, 191, 192, 193 |
| EDCシステム選定 | 178 |
| electronic data capture | 178, 191 |
| electronic medical record | 164 |
| EMA | 190 |
| EMBASE | 147 |
| EMR | 164 |
| environment | 121 |
| epidemiology | 121 |
| e-Stat | 16 |
| estimate | 30 |
| estimation | 30 |
| evidence-based medicine | 79, 207 |
| expectation | 63 |
| external validity | 83 |

## 【F】

| | |
|---|---|
| factorial design | 143 |
| FAS | 83 |
| FDA | 169, 190 |
| fixed effects model | 148 |
| forest plot | 148 |
| funnel plot | 148 |
| $F$分布 | 95 |

## 【G】

| | |
|---|---|
| GCP | 173, 174, 185, 195, 198, 199, 201 |
| GCP省令 | 174, 176, 185, 186, 187, 188, 189, 194, 195, 198, 199, 200 |
| generalizability | 83 |
| general practitioner database | 164 |
| General variance-based method | 148 |
| global 標準 | 191 |
| good clinical practice | 174, 185, 195, 199 |
| Good Post-marketing Study Practice | 169 |
| GPDB | 164 |
| GPSP | 169 |

## 【H】

| | |
|---|---|
| health research | 166 |
| health services research | 166 |
| health systems research | 166 |
| healthy worker effect | 137 |
| heterogeneity | 148, 151 |
| Higgins I2 統計量 | 148, 151 |
| histogram | 5 |
| host | 121 |

## 【I】

| | |
|---|---|
| ICH E6 | 198 |
| ICH-GCP | 191, 198, 199, 205 |
| incidence-prevalence bias | 138 |
| incidence rate | 125 |
| information bias | 138 |
| institutional review board | 188 |
| interim analysis | 145 |
| internal validity | 83 |
| interquartile range | 8, 9 |
| interval estimation | 33 |
| interval scale | 4 |
| interventional study | 134 |
| interviewer bias | 138 |
| IQR | 9, 13, 16 |
| IRB | 188, 193, 194 |
| ITT | 83, 146 |

## 【J】

| | |
|---|---|
| Jadad score | 147 |
| JADER | 164 |
| japanese adverse drug event report database | 164 |

## 【K】

| | |
|---|---|
| KJ法 | 156 |
| kurtosis | 11 |

## 【L】

Lan-Demets 法 ............................................................. 145
last observed carried forward .................................... 176
LOCF ............................................................................. 176
longitudinal study ....................................................... 134

## 【M】

Mantel-Haenszel 法 .................................................... 148
masking ....................................................................... 142
matching ..................................................................... 138
mean ................................................................................ 7
mean deviation ............................................................... 9
measure .......................................................................... 4
measurement bias ...................................................... 138
measuring data ............................................................... 4
median ............................................................................ 8
medical information database network ................... 164
MEDLINE ............................................................... 82, 147
meta-analysis ............................................................. 146
MID-NET® ................................................................... 164
misclassification bias ................................................. 138
missing ....................................................................... 176
multivariate analysis .......................................... 101, 138
mortality rate ............................................................. 125
multicollinearity ......................................................... 105

## 【N】

national database ...................................................... 163
NDB .............................................................................. 163
NDB オープンデータ ................................................ 163
nested case-control study ......................................... 137
NNH ............................................................................... 85
NNT .................................................................... 84, 86, 87
nominal scale .................................................................. 4
non-respondent bias .................................................. 138
normal distribution ...................................................... 24
null hypothesis ............................................................. 42
number needed to harm .............................................. 85
number needed to treat ......................................... 84, 86

## 【O】

O'Brien-Fleming 法 ..................................................... 145
observation ................................................................... 64
observational study ................................................... 134
odds .............................................................................. 84
odds ratio ..................................................................... 84
OECD ........................................................................... 164
OECD-statistics ........................................................... 164
off-site monitoring ..................................................... 192
one-sided test ............................................................... 44
on-site monitoring ..................................................... 192

OR .................................................................................. 84
ordinal scale ................................................................... 4
Organisation for Economic Co-operation and
Development ............................................................... 164

## 【P】

PA ........................................................................ 201, 202
parallel group comparison design ............................ 143
parameter ..................................................................... 30
PECO ............................................................ 81, 146, 203
percentile ........................................................................ 9
permuted block method ............................................ 144
person year ................................................................ 125
Peto 法 ....................................................................... 148
PICO ............................................................. 81, 146, 203
PMDA ........................................................... 164, 169, 172
Pocock 法 ................................................................... 145
point estimation ........................................................... 30
population .............................................................. 10, 30
population at risk ...................................... 125, 135, 137
portal site for japanese government statistics ........ 164
power：1-$\beta$ ................................................................... 145
PPS ....................................................................... 83, 146
precision ....................................................................... 81
prevalence rate .......................................................... 125
preventive action ............................................... 201, 202
PROBE 法 ................................................................... 142
proportion .................................................................. 124
prospective ................................................................ 134
prospective, randomized, open-labeled, blinded
endpoints study ......................................................... 142
publication bias .......................................................... 148
PubMed ...................................................................... 147
$P$ 値（$P$ value） ................. 41, 42, 43, 44, 45, 48, 51, 52
                                        54, 55, 64, 65, 107, 108, 115

## 【Q】

qualitative data .............................................................. 3
quantitative data ........................................................... 3
quartile ........................................................................... 8
quartile deviation ....................................................... 8, 9

## 【R】

random effects model ................................................ 148
random sampling ....................................................... 138
randomization ............................................................ 138
randomized clinical trial ............................................ 142
randomized controlled trial ...................................... 141
range ............................................................................... 8
rate ............................................................................. 124
ratio ............................................................................ 124

ratio scale ......................................................... 4
RBA .................................................................. 195
RBM .......................................................... 185, 192
RCT ..................................................... 141, 142, 163
real world data ............................................... 165
recall bias ...................................................... 138
Receiver Operator Characteristic Curve ................... 129
registry ........................................................... 164
relative risk .................................................... 83
relative risk reduction .................................. 84, 86
research question ............................. 81, 146, 203, 207
retrospective ................................................. 134
risk based monitoring .................................... 192
ROC 曲線 ........................................................ 129
root cause analysis ................................. 201, 202
RR ..................................................................... 83
RRR ............................................................ 84, 86
rumination bias ............................................. 138
RWD ............................................................. 165

【S】

SAE .......................................................... 189, 190
sample ....................................................... 10, 30
sample size ..................................................... 46
sample variance ............................................. 10
scales .............................................................. 4
scatter plo ...................................................... 13
Scheffé の方法 ................................................ 96
ScienceDirect ................................................ 147
SDV ......................................................... 189, 190, 192
SE ................................................................. 147
selection bias ................................................ 137
selection criteria ............................................ 146
self-selection bias .......................................... 137
serious adverse event .................................... 189
significance level ............................................ 42
single blind .................................................... 142
site management organization ...................... 188
skewness ........................................................ 11
SMO .............................................................. 188
SMR .............................................................. 125
SOP ............................................................... 201
source data verification ................................ 189
specification ................................................. 138
standard deviation ..................................... 9, 10
standard deviation of the sample ................... 10
standard error ......................................... 31, 147
standardization ............................................. 138
standardized mortality ratio ........................ 125
statistical hypothesis testing ......................... 41
statistical inference ........................................ 30

statistical power .............................................. 46
stem and leaf plot ............................................ 7
Stratification ................................................ 138
strength of evidence ...................................... 83
STROBE 声明 .................................................. 169
Student の $t$ 検定 ....................... 49, 50, 51, 52, 55, 59
Sturges' rule .................................................... 5
surveillance ................................................... 137
survey ........................................................... 137
survival analysis ............................................. 111
systematic review ......................................... 146

【T】

time series study ........................................... 137
triple blind ................................................... 142
Tukey の方法 ................................................... 96
two-sided test ................................................ 44
type I error .................................................... 45
type II error ................................................... 46
$t$ 検定 ................................................ 50, 91, 95, 108

【U】

unbiased variance ........................................... 10
unblinding ................................................... 176

【V】

validity ......................................................... 171
variability ...................................................... 80
variance ........................................................ 7, 9
variance inflation factor ............................... 105
variation .................................................. 79, 80
VIF 統計量 .................................................... 105

【W】

Web of Science ............................................. 147
weighted mean difference ............................ 146
Welch の $t$ 検定 ............................................. 50
Wilcoxon 〔の〕順位和検定 ..................... 59, 60, 61
Wilcoxon 符号付き順位検定 ................... 59, 60, 61
withdrawal bias ............................................ 138
WMD ............................................................ 146

| 日本語 |
|---|

【ア】

アウトカム ........................ 106, 112, 135, 136, 142
148, 168, 169, 170, 171
アクションリサーチ ................................ 153, 156
安全性監視活動 ............................................. 169

## 【イ】

異質性 .................................................. 148
異質性の検定 .................................. 141, 147
医科・調剤レセプト ............................. 163
一元配置分散分析 ............. 91, 93, 94, 96, 97, 98
一時点 ...................................... 125, 134, 137
医中誌 web ........................................... 147
一般化 ..................................... 83, 91, 94
一般化ウィルコクソン検定 ........... 111, 112, 114, 115
一般化可能性 ....................... 161, 169, 204, 208
イベント ................... 84, 106, 111, 112, 114, 115
　　　　　　　　　　　　　　　　116, 120, 136
医薬品医療機器総合機構 ....................... 164, 181
医薬品，医療機器等の品質，有効性および
安全性の確保等に関する法律 ..................... 165
医薬品の製造販売後の調査及び試験の実施の
基準に関する省令医薬品の臨床試験の
実施の基準に関する省令 .................. 174, 185, 195
医薬品副作用データベース ..................... 164
医療系ビックデータ .............................. 163
医療施設（静態・動態）調査 ..................... 165
医療情報データベース ........................... 164
因子分析 ............................................ 101
陰性的中度 ........................ 128, 131, 163, 170

## 【ウ】

後ろ向き ........................................ 134, 135, 136
後ろ向きコホート研究 ........................ 135, 136
打ち切り ............................. 111, 113, 114, 120, 145, 176

## 【エ】

疫学 ....................................... 121, 126, 130, 166
エビデンスの強さ ............................... 83
エビデンスレベル ............. 79, 82, 123, 141, 142
　　　　　　　　　　　　　　　145, 146, 166
エフェクトサイズ ......................... 146, 147, 148
エンドポイント ............................ 79, 83, 142, 146
横断研究 .................. 122, 123, 124, 133, 134, 135, 137, 166

## 【オ】

オープン〔ラベル〕試験 ........................... 142
横断研究 .................... 122, 123, 133, 134, 137, 166
オッズ ..................................... 84, 106, 127
オッズ比 .................. 84, 101, 106, 107, 108, 121
　　　　　　　　　　　127, 130, 137, 140, 146, 148

## 【カ】

回帰 ............................................ 13, 69
回帰係数 ............................. 75, 103, 107, 116
回帰式 ....................... 103, 104, 105, 107, 108, 109
回帰直線 ................................. 74, 75, 76, 77

回帰直線の傾き .................................. 75, 77
回帰直線の切片 ..................................... 75
回帰分析 ................................ 70, 73, 104, 108
階級数 .............................................. 5, 7
階級幅 ................................................. 5
カイ二乗検定 ....................... 59, 62, 63, 64, 67, 108
カイ二乗分布 ........................................ 64
解釈学的・現象学的研究法 ..................... 157
改正 GPSP 省令 ................................. 169
解析対象集団 ............................ 83, 146, 176
解析用データセット ............................. 180
外的妥当性 ....................... 79, 83, 169, 204, 208
介入試験 ....................... 79, 133, 134, 137, 139
　　　　　　　　　　　　141, 142, 145, 206
開発業務受託機関 ............................. 178, 201
害必要数 ............................................. 85
確度 .................................................. 80
確率 .................................................. 19
確率点 .......................................... 34, 35, 36
確率分布 ........... 11, 19, 20, 22, 24, 25, 29, 30, 47, 102
確率変数 ................................. 19, 20, 21, 22, 25
確率密度関数 ....................... 19, 22, 23, 24, 25, 56
確率密度曲線 ........................................ 22
加重平均 ........................................... 147
仮説 ............. 42, 43, 44, 45, 46, 47, 98, 122, 123, 133
　　　　　　　134, 137, 155, 167, 204, 206, 208
数える ................................................. 4
型 ...................................................... 3
片側検定 ................................ 41, 44, 45, 50, 53
片側対立仮説 ....................................... 44
偏り ..................... 50, 83, 85, 139, 172, 175, 176, 182
カテゴリ ........................ 151, 158, 159, 160, 162
カテゴリ化 ..................................... 153, 158
カテゴリカルデータ ................................. 3
カプランマイヤー曲線 ....................... 114, 120
間隔尺度 ........................................... 3, 4
環境要因 ............................................ 121
監査 ................... 195, 196, 197, 198, 199, 200, 201, 202
監査計画書 ........................................ 197
監査証明書 ................................... 199, 200
観察人年 ........................................... 125
観察研究 ........... 79, 101, 115, 122, 133, 134, 135
　　　　　　　137, 138, 139, 141, 166, 167, 206
監査手順書 ................................... 197, 209
監査報告書 ............................ 198, 199, 200, 201
患者対照研究 ..................................... 136
患者調査 ........................................... 165
観測値 ................ 3, 5, 7, 8, 9, 10, 13, 64, 73, 113, 176
感度 ....................... 121, 128, 129, 131, 163, 168, 170
幹葉図 ................................................. 7

## 【キ】

棄却域 ... 95, 98, 99
記号化 ... 3
記述疫学 ... 121, 123, 124
記述疫学的研究 ... 135
記述的解析 ... 3, 11, 13, 15
記述統計量 ... 7
基準妥当性 ... 171
期待値 ... 31, 32, 33, 63, 64
キックオフミーティング ... 189, 194
帰納的 ... 153, 155
帰無仮説 ... 41, 42, 43, 44, 45, 46, 50, 51, 52, 53, 54 55, 60, 61, 63, 64, 67, 94, 95, 98, 99, 104
共分散 ... 69, 71, 72, 75
共変量 ... 115, 116, 119, 175
寄与危険度 ... 83
寄与リスク ... 83
寄与率 ... 75, 104

## 【ク】

偶然誤差 ... 80, 81, 142, 148
区間推定 ... 29, 33, 34, 41
クラスター分析 ... 101
グランデッドセオリー法 ... 155, 157
クロスオーバー試験 ... 52, 141, 143, 150
クロス集計表 ... 3, 11

## 【ケ】

計数データ ... 4
系統誤差 ... 80, 85, 142
系統的な偏り ... 80, 83
計量データ ... 4
結果因子 ... 138
欠測データ ... 176
欠損 ... 139, 165
決定係数 ... 69, 75, 76, 104, 105
原因分析 ... 198, 201, 202
研究仮説 ... 79, 208
研究計画 ... 79, 81, 167, 168, 203, 206, 207, 208
研究計画の立案 ... 79, 203, 206, 207
研究〔上〕の疑問 ... 202, 203
研究チーム ... 203, 205
研究デザイン ... 79, 81, 85, 133, 135, 137, 138, 141 146, 155, 197, 204, 205, 206, 208
研究の流れ ... 203, 208
研究の立案 ... 167, 203
健康労働者効果 ... 137
検出力 ... 41, 45, 46, 47, 145, 146, 176
原資料 ... 185, 189, 191, 198, 200, 201
限定 ... 138

検定統計量 ... 41, 45, 51, 54, 58, 60, 61 64, 67, 94, 98, 115

## 【コ】

効果安全性評価委員会 ... 145, 205
交互作用 ... 143, 150
構成概念妥当性 ... 171
コーディング ... 153, 158, 162, 168
コード ... 158, 159
交絡 ... 133, 137, 138
交絡因子 ... 138, 139
ゴールドスタンダード ... 170, 171, 172
交絡バイアス ... 138
誤差 ... 33, 73, 79, 80, 166, 167
五数要約 ... 9
コックス比例ハザード分析 ... 112, 115, 116, 117, 119
固定効果モデル ... 148
誤分類バイアス ... 138
個別インタビュー（面接）... 157
コホート研究 ... 82, 122, 123, 124, 133 135, 136, 137, 140
コホート内症例対照研究 ... 133, 137
コモン・テクニカル・ドキュメント ... 173, 180
コンセプトシート ... 204, 208
コントロール ... 141
コントロール群 ... 142
コンピュータシステムバリデーション ... 178

## 【サ】

最小化法 ... 144
最小二[2]乗法 ... 69, 73, 75, 103
再審査 ... 169
サブカテゴリ ... 159, 162
三重盲検 ... 142
算術平均 ... 7
散布図 ... 13, 69, 70
散布度 ... 7, 8, 11
サンプルサイズ ... 146, 148, 174, 176, 206

## 【シ】

思案バイアス ... 138
時期効果 ... 143, 150
時系列研究 ... 133, 137
試験デザイン ... 83, 143, 173, 174, 175 176, 177, 179
自己選択バイアス ... 137
指数関数 ... 113
システマティックレビュー ... 141, 146, 149
システム監査 ... 197, 199, 201
施設監査 ... 199, 201

# 索引

〔治験〕実施計画書 .................. 173, 176, 177, 178
　　　　　　　　　　　181, 183, 185, 186, 187, 188, 189
　　　　　　　　　　　190, 192, 198, 200, 201, 203
実施計画書（プロトコル） ........................ 203
実態調査 .................................................. 137
実地調査 .................................................. 190
質的研究 ................... 153, 154, 155, 158, 161, 162
質的研究と量的研究の対比 ...................... 154
質的研究の注意点 .................................... 161
質的研究の特徴 ........................................ 154
質的データ ............... 3, 4, 5, 11, 13, 15, 16, 106, 161
質問者バイアス ........................................ 138
疾患登録レジストリー ............................. 164
四分位点 ............................................. 8, 9, 13
四分位範囲 ...................................... 8, 9, 13, 16, 17
四分位偏差 ........................................... 3, 8, 9
死亡率 ...................................................... 116
尺度 ................................................. 3, 4, 13, 15, 168
遮蔽化 ...................................................... 142
重回帰分析 ................... 101, 102, 103, 104, 105
　　　　　　　　　　　　　　106, 109, 115, 119
重回帰モデル .......................................... 115
収集すべき論文の採用基準 .................... 146
縦断研究 ........................................... 134, 137
自由度 .............. 34, 35, 36, 51, 54, 64, 94, 95, 104
重篤な有害事象 ........................ 189, 197, 199
自由度調整済み R2 乗値 ......................... 104
周辺度数 .................................................... 63
宿主要因 .................................................. 121
主成分分析 .............................................. 101
出版バイアス .......................................... 148
順序関係 ...................................................... 4
順序効果 .................................................. 143
順序尺度 ............................................. 3, 4, 15
使用成績比較調査 ................................... 169
情報バイアス .................................... 137, 138
症例監査 .................................................. 197
症例集積研究 .......................................... 135
症例数設計 .............................................. 145
症例対照研究 .... 82, 106, 109, 122, 123, 124, 127, 130,
　　　　　　　　　133, 135, 136, 137, 140, 166
症例報告 ............................................. 82, 135
症例報告書 ............... 178, 185, 186, 189, 196, 198
書類監査 ........................................... 199, 201
ジョン・スノウ ........................................ 121
事例研究 ........................................... 153, 155
診断群分類別包括評価 ............................ 164
診断バイアス .......................................... 138
人年 ........................................................ 125
「真」の分散 ............................................... 30
「真」の平均 ............................................... 30

信頼区間 ................. 29, 33, 34, 35, 36, 37, 39, 108, 119
診療報酬請求データ ............................... 163
診療報酬請求データ ............................... 164
診療報酬明細書 ...................................... 164
森林プロット .................................... 141, 148

## 【ス】

推測的解析 ........................................... 3, 15
推定 ............... 10, 29, 30, 31, 32, 33, 34, 36, 37, 38
　　　　　　　41, 49, 86, 103, 105, 107, 109, 112
　　　　　　　116, 117, 119, 124, 143, 148, 176
推定精度 ........................................... 37, 147
推定値 ............... 30, 31, 32, 34, 74, 104, 105, 107
　　　　　　　113, 114, 117, 119, 120, 147, 175, 176
数字化 ........................................................ 3
スーパービジョン ................................... 161
数量データ .................................................. 3
スタージェスの公式 .............................. 5, 7
スタートアップミーティング ...... 189, 194, 205
ステップワイズ法 .................................. 108
図表化 .................................................... 3, 11

## 【セ】

正規分布 ............... 11, 19, 24, 25, 26, 27, 30, 31
　　　　　　　　32, 33, 34, 35, 36, 50, 53, 55
　　　　　　　　56, 59, 61, 62, 96, 102
製造販売後データベース調査 ................ 169
生存関数 .................................................. 120
生存曲線 ................... 112, 113, 114, 117, 119, 120
生存時間 ................... 111, 112, 113, 115, 116, 117
生存時間解析 .......................................... 111
生存時間分析 .................................. 111, 112, 115
生存率 ........... 111, 112, 113, 114, 117, 119, 120, 125
静的割付 .................................................. 144
精度 ............... 32, 34, 36, 81, 104, 108, 148
　　　　　　　　　　　　　175, 204, 208
正の相関 ........................................ 70, 71, 73, 77
是正勧告 .................................................. 198
是正措置 ......................................... 198, 201, 202
絶対リスク ............................................... 83
絶対リスク減少率 ................... 79, 84, 86, 135, 137
絶対零点 ..................................................... 4
切片 ........................................... 73, 75, 103, 105
説明文書・同意文書［同意説明文書］ ...... 188
　　　　　　　　　　　　　　　　189, 201
説明変数 ................... 101, 102, 103, 104, 105, 106
　　　　　　　　　　　107, 108, 109, 115, 116
セミパラメトリックモデル .................... 116
選択バイアス ............... 137, 138, 165, 168
尖度 ............................................................ 11

## 索引

### 【ソ】

層化 .................................................... 138
〔治験〕総括報告書 ......... 173, 176, 180, 181, 187, 201
相加平均 ................................................. 7
相関 ......................... 13, 69, 70, 71, 72, 73, 105, 129
相関が強い ................................. 71, 72, 105
相関が弱い ...................................... 71
相関係数 ................. 71, 72, 73, 76, 77, 105, 155
相関研究 ............................................ 166
想起バイアス ............................... 137, 138
相対危険度 ............................ 83, 116, 126
相対度数 ............................................... 5
相対リスク ........................................ 83
相対リスク減少率 ........... 79, 84, 86, 135, 137, 140
層別置換ブロック法 ..................... 144, 145
層別割り付け ................................... 175
双峰型 ............................................... 5
測定誤差 ......................................... 166
測定手段 ......................................... 171
測定バイアス ......................... 138, 165, 168

### 【タ】

第一種の過誤 ............................... 45, 48
退院サマリー .................................. 164
対応のある $t$ 検定 ......... 49, 52, 53, 54, 55, 58, 59, 61
対応のあるデータ ............... 49, 52, 53, 60, 65
対応のないデータ ................... 49, 50, 59, 65
対照 ..................... 49, 56, 137, 141, 142, 143
対照群 ........... 96, 127, 130, 136, 138, 142, 143, 145
第二種の過誤 ................................... 46
代表値 ......................................... 7, 8, 11
タイプⅠエラー .................................. 145
対立仮説 ............ 41, 42, 43, 44, 45, 46, 50, 53, 55, 64
多元配置試験 ................................... 143
多重共線性 .............................. 105, 108
多重コホート研究 ............................ 136
多重比較 ....................... 91, 95, 96, 98, 145
多重比較法 ................................. 95, 98
脱落バイアス ................................. 138
脱落率 ............................................ 145
妥当性 ..................... 170, 171, 172, 202
ダブルダミー法 ............................. 175
多変量解析 ............... 101, 102, 108, 111, 138
探索的（帰納的） ............................ 155
単盲検 .......................................... 142

### 【チ】

置換ブロック法 ........................ 144, 145
治験 .. 121, 143, 174, 176, 176, 181, 182, 185, 186, 187,
188, 189, 190, 192, 193, 194, 195, 196, 198, 199
200, 201, 205

治験依頼者 ............... 175, 178, 185, 186, 187, 188, 190
191, 192, 198, 200, 201, 202
治験協力者 ......................................... 193
治験施設支援機関 ............................. 188
治験実施計画書 ....... 173, 176, 177, 178, 181, 183, 185
186, 187, 188, 189, 190, 192, 198, 200, 201
治験実施施設 ................... 185, 186, 187, 188, 189, 190
191, 192, 193
治験審査委員会 .................. 188, 193, 194, 200
治験責任医師 ............ 186, 187, 188, 189, 190, 191
193, 200, 201
治験総括報告書 ............................. 187, 201
治験分担医師 ............................ 186, 189, 193
治験薬 .............. 186, 188, 189, 190, 192, 193, 194
治験薬概要書 ............................. 186, 201
中央値 .................... 3, 8, 9, 13, 16, 17, 24
中間解析 ....................... 96, 141, 145, 176, 177
調整 ............ 10, 95, 104, 108, 109, 125, 135, 139, 175
直接閲覧 ................................. 186, 189, 200
治療必要数 ........................................ 79, 84, 86

### 【ツ】

追跡 ........................................ 111, 135, 137
強い相関 ............................................... 71

### 【テ】

定数項 ............................................ 103
データ .... 3, 5, 7, 8, 9, 10, 11, 13, 15, 16, 29, 30, 31, 32
33, 34, 35, 36, 37, 39, 41, 42, 43, 44, 45, 46
47, 48, 49, 50, 51, 52, 53, 54, 55, 56, 59, 60
61, 62, 64, 65, 66, 69, 71, 72, 73, 75, 76, 80
91, 92, 93, 96, 97, 99, 101, 103, 104, 105, 106
107, 108, 109, 111, 112, 117, 119, 133, 134
136, 137, 138, 139, 143, 154, 155, 156, 158
161, 162, 163, 164, 165, 168, 169, 175, 176
177, 178, 179, 180, 183, 187, 189, 191, 192
193, 197, 198, 199, 200, 203, 207, 208
データ解析 ............................... 3, 15, 138
データクリーニング ..................... 168, 178
データ定義書 ................................... 168
データの型 .............. 3, 13, 15, 16, 29, 62, 168
データの固定手順・範囲 ..................... 177
データ標準 ............................... 173, 178
データベース ............ 136, 163, 164, 165, 166, 168
169, 170, 177, 178, 183
データベースアルゴリズム ..................... 170
データマネジメント ............. 173, 177, 178, 180
適格基準 ............................... 143, 189, 192
適合性調査 ....................................... 190
デフォルト ....................................... 165
電子カルテデータ ............................. 164

点推定〔値〕............ 29, 30, 31, 33, 34, 35, 38, 41, 148

## 【ト】

等間隔性 ............................................................... 4
統計解析 ................ 15, 56, 65, 76, 79, 81, 83, 146, 149
　　　　　　　　　　　　　173, 176, 178, 180, 187
統計解析〔担当〕者 ............... 142, 174, 176, 177, 178
　　　　　　　　　　　　　180, 181, 205
統計学的仮説検定 ............................................... 41
統計学的推測 ..................................................... 30
統計解析計画書 .......................................... 176, 183
統計的方法〔手法〕 ............. 3, 49, 56, 65, 76, 115, 146
動向調査 ......................................................... 137
動的割付 ......................................................... 144
特異度 .................................. 121, 128, 129, 131, 163, 170
特性値 ........................................................... 7, 11
特定健診・特定保健指導情報 ............................ 163
独立行政法人医薬品医療機器総合機 ................. 164
度数分布表 .............................................. 3, 5, 7, 13, 16
ドットプロット .................................................. 13
トレーサビリティ ............................................ 197

## 【ナ】

内的妥当性 ........................... 79, 83, 142, 204, 208
内容分析 ........................................................ 156

## 【ニ】

二元配置分散分析 ........................................ 91, 98
二項分布 ........................... 19, 22, 23, 24, 34, 35
二重盲検 ............................................... 142, 147, 206
二次利活用 .................................................... 163
二値応答 ......................................................... 33
日本薬剤疫学会 .............................................. 165
入院バイアス ................................................. 138

## 【ネ】

年齢調整死亡率 ............................................. 125

## 【ノ】

ノンパラメトリック検定 ................ 49, 55, 59, 61, 65

## 【ハ】

パーセント点 ...................................................... 9
バイアス ............ 79, 80, 81, 83, 85, 133, 137, 138, 142
　　　　　　　　165, 169, 172, 173, 175, 176, 182, 206
バイアスコイン法 ........................................... 144
背景因子 ......................................................... 80
測る .................................................... 3, 4, 72, 128
曝露要因 ............................................ 136, 137, 140
箱ひげ図 ....................................................... 3, 13
ハザード関数 ................................................. 116

ハザード比 ..................................... 116, 117, 119, 120
外れ値 ....................................................... 8, 13, 61
ハット ........................................................ 30, 74
ばらつき ............ 32, 33, 38, 80, 81, 93, 125, 143, 148, 176
パラメータ .............. 30, 31, 32, 34, 47, 95, 103, 116, 117
パラメトリック検定 ............................ 49, 55, 59, 65
バリデーション（妥当性）研究 ......................... 169
バルーンプロット .............................................. 11
範囲 ............................... 8, 9, 34, 39, 59, 119, 177, 185

## 【ヒ】

比 ........................ 4, 83, 84, 94, 116, 121, 124, 125, 126, 127
比較可能性 ..................................... 83, 142, 169, 204, 208
比較研究 ....................................................... 166
比尺度 ............................................................. 3, 4
ビッグデータ ......................................... 163, 165
ヒストグラム ........................... 3, 5, 7, 13, 16, 55, 56
必須文書 ................................... 185, 186, 189, 190, 201
人を対象とする医学系研究に関する倫理指針
　　　　　　　　　　　　　185, 195, 202, 205
病因 ............................................................. 121
評価項目 ................... 49, 79, 134, 135, 142, 176, 179
　　　　　　　　　　　　　183, 204, 206, 208
表計算ソフト ................................................. 168
標準化 ................ 25, 26, 27, 28, 104, 105, 125, 136
　　　　　　　　　　　　138, 178, 179, 206
標準化死亡比 ................................. 125, 126, 166
標準（化）正規変数 ................................... 26, 27
標準化偏回帰係数 ................................... 104, 105
標準誤差 .................. 31, 32, 34, 35, 36, 37, 39, 51
　　　　　　　　　　　54, 57, 114, 147, 148
標準正規分布 ........................................ 24, 25, 26, 35
標準偏差 .............. 3, 9, 10, 16, 17, 24, 25, 26, 27, 31
　　　　　　　　32, 35, 36, 38, 51, 72, 75, 104, 105
病床機能報告 ................................................. 165
表側 ................................................................ 11
表頭 ................................................................ 11
標本 ........................... 10, 16, 17, 29, 30, 31, 32, 33, 34
　　　　　　　　　　　　35, 36, 37, 38, 46, 139
標本サイズ ................................ 41, 45, 46, 47, 113
標本分散 ................................ 10, 16, 29, 32, 35
標本平均 ........................ 29, 31, 32, 34, 35, 36
病名コード .................................................... 169
比例尺度 ........................................................... 4
比例ハザード性 ................................ 111, 117, 119, 120

## 【フ】

フォーカスグループ ....................................... 157
不完全データ ................................................. 183
不均一性 ....................................................... 148
不整合の解決 ................................................ 178

負の相関 .................................................. 70, 71, 73
不偏 ............................................................. 29, 32, 33
不偏分散 ................................................................... 10
プライバシーに関する機密 ................................ 186
ブラインド化 ................................................. 175, 182
フローチャート ..................................................... 168
プロトコル ..................... 79, 138, 145, 148, 176, 203
　　　　　　　　　　　204, 205, 206, 207, 208
分割表 ........................................................... 59, 63, 64
分散 ....................... 3, 7, 9, 10, 16, 24, 30, 32, 50
　　　　　　　　　　　59, 91, 94, 105, 147
分散拡大係数 ........................................................ 105
分散分析 ............................................... 91, 93, 94, 95
分散分析表 ............................................... 93, 97, 99
分析疫学 ..................................... 121, 122, 123, 124,
分布 ........... 3, 5, 7, 8, 10, 11, 13, 22, 24, 25, 26, 27, 29
　　　　　　　33, 50, 53, 54, 55, 56, 59, 60, 61, 62, 65
　　　　　　　115, 121, 123, 124, 133, 134, 143, 168
文脈 ............................................................ 153, 155, 161

【ヘ】

平均 ................... 3, 7, 8, 9, 16, 17, 24, 25, 26, 29, 30, 31
　　　　　　　32, 34, 35, 36, 37, 38, 50, 71, 75, 76, 97, 104
平均値 ............ 8, 10, 24, 26, 30, 31, 32, 36, 37, 38, 41, 49
　　　　　　　50, 51, 52, 53, 54, 55, 57, 60, 91, 93, 105, 176
平均平方 ............................................................ 91, 94
平均偏差 ................................................................... 9
並行群間比較試験 .......................... 141, 143, 144, 150
米国 FDA ............................................................... 169
併存的妥当性 ......................................................... 171
平方和 ........................................................ 93, 94, 97, 103
ベースラインハザード ........................................ 116
ヘルシンキ宣言 .................................................... 203
ヘルスサービスリサーチ .................................... 166
ヘルスシステムリサーチ .................................... 166
ヘルスリサーチ .................................................... 166
ベルヌーイ試行 .............................................. 22, 23
ベルヌーイ分布 .................................................... NA
偏回帰係数 ........................... 103, 104, 105, 107, 108
偏差 .................................................... 9, 93, 94, 97
偏差平方和 .......................................................... 9, 93
変数減少法 ............................................................ 108
変数選択 ........................................................ 101, 108
変数増加法 ............................................................ 108
変数増減法 ............................................................ 108
変動 ...................... 53, 79, 80, 91, 93, 94, 97, 98, 137
変動係数 ............................................................ 10, 11
変動要因 ........................................................... 80, 83
変量効果モデル .................................................... 148

【ホ】

ポアソン分布 ................................................... 19, 24
包括支払制度 ........................................................ 164
棒グラフ ....................................................... 5, 11, 21
保健医療分野 ........................................................ 111
母集団 ................ 10, 27, 29, 30, 31, 32, 33, 34, 35, 38
　　　　　　　50, 51, 53, 55, 56, 64, 139, 143, 144

【マ】

前向き ............................................................ 134, 135
前向きコホート研究 .......................... 135, 136, 137
マスク化 ...................................................... 175, 182
マッチング ............................................................ 138
マルチコ ................................................................ 105

【ミ】

右に歪んだ分布 ........................................................ 5
民族誌学的研究法（エスノグラフィー） ............. 157

【ム】

無作為化 ................................................................ 142
無作為化並行群間比較試験 ......................... 175, 182

【メ】

名義尺度 ........................................................... 3, 4, 15
名義尺度の水準 ........................................................ 4
メタアナリシス ................... 79, 82, 133, 134, 139
　　　　　　　　　141, 146, 147, 149, 150, 151

【モ】

盲検化 ................... 83, 138, 141, 142, 147, 175, 182
盲検解除 ................................................................ 176
目的変数 ......................................... 101, 102, 103, 104, 105
　　　　　　　　　　　106, 107, 115, 116, 168
目標症例数 .................................................... 174, 176
モニター ...................................................... 185, 193, 201
モニタリング .................. 178, 185, 186, 187, 189, 190
　　　　　　　　　192, 193, 196, 197, 200, 202, 205
モニタリング手順書 ......................... 186, 192, 193

【ヤ】

薬剤疫学 ................................................................ 139

【ユ】

有意 .............................. 43, 48, 60, 61, 64, 104, 105, 107
　　　　　　　　　　　108, 109, 115, 119, 120
有意水準 ..................................... 41, 42, 43, 44, 45, 46, 47
　　　　　　　　　　　48, 95, 96, 99, 115, 145, 155
有害事象 ..................................... 185, 189, 197, 199, 205, 207
有暴露率 ................................................................ 137
有病率 ............................. 121, 125, 128, 129, 130, 137

## 【ヨ】

要因 .................. 91, 97, 103, 106, 119, 121, 122, 123, 126
　　　127 133, 135, 137, 138, 140, 141, 143, 153, 192
要因デザイン ............................................................. 143
陽性的中度 ........................................ 128, 131, 163, 170
要約 ............................... 3, 9, 13, 16, 29, 63, 79, 101, 105, 181
要約統計量 ......................................................... 3, 7, 15
予後因子 ................................................. 121, 135, 136
予測因子 ................................................................. 138
予防措置 .................................................. 198, 201, 202
弱い相関 ................................................................... 71

## 【ラ】

ランダム SDV ................................................... 185, 192
ランダム化 .......................... 83, 138, 141, 142, 147, 173
　　　　　　　　　　　　　　　　175, 176, 182, 205
ランダム化比較試験 .......... 82, 101, 115, 139, 141, 142
　　　　　　　　143, 145, 146, 147, 149, 150, 163, 207
ランダム化臨床試験 ................................................ 142
ランダム抽出 ........................................................... 138
ランダム割付 ................................ 138, 141, 144, 149, 206
利益相反 .................................................. 196, 197, 207

## 【リ】

リアルワールドデータ ........................................... 165
罹患者－有病者バイアス ....................................... 138
罹患率 ................................................. 83, 121, 124, 125, 126
リサーチ・クエスチョン ....................................... 176
離散型 ....................................................................... 21
離散型のデータ ............................................... 62, 64, 65
離散データ ................................................................. 4
リスク差 ................................................................... 83
リスク比 ................................................................... 83
リスク比 ........................................................... 83, 126
率 ............................................................................. 124
リモート SDV ................................................... 192, 193
両側検定 ........................................ 41, 44, 50, 51, 53, 54, 64
両側対立仮説 ............................................................. 44
量的データ ............................ 3, 4, 5, 11, 13, 102, 106
リレーショナルデータベース .............................. 163

## 【リ(臨)】

臨床研究法 ......................................................... 195, 202
臨床研究 .............. 69, 79, 80, 81, 85, 115, 133, 134, 139
　　　　　　　　141, 142, 149, 165, 166, 195, 196, 197
　　　　　　　　　　　202, 203, 205, 206, 207, 208
臨床研究計画法 ................... 79, 86, 126, 133, 139, 142
　　　　　　　　　　　　　　　　146, 166, 167, 203
臨床研究コーディネーター ................................... 189
臨床検査会社 ......................................................... 201
臨床試験登録システム ........................................... 147
臨床試験の一般指針 ....................................... 174, 182
臨床試験のための統計的原則 ............... 173, 174, 182
臨床データ交換標準コンソーシアム .................. 178,
倫理審査委員会 ............................... 154, 197, 205, 208

## 【レ】

歴史的研究 ............................................................. 156
レセプト ................................................................. 163
レセプト情報・特定健診等情報データベース .... 163
レンジ ......................................................................... 8
連続型確率分布 ................................................. 20, 21
連続型のデータ ................................................. 62, 65
連続データ ............................................................ 4, 5

## 【ロ】

漏斗プロット .................................................. 141, 148
ログランク検定 ................... 111, 112, 114, 115, 120
ロジスティック回帰分析 ........... 101, 105, 106, 107
　　　　　　　　　　　　　　　　　　　　　108, 115
ロジスティック回帰 ............................................... 106
ロジスティック回帰分析 ........... 101, 105, 106, 107
　　　　　　　　　　　　　　　　　　　108, 109, 115
論文監査 .................................................................. 197

## 【ワ】

歪度 ........................................................................... 11
割合 .............................. 5, 33, 36, 39, 62, 117, 121, 124
　　　　　　　　　　　　　　　125, 128, 130, 170, 192,
割付 ................................................ 81, 143, 144, 145
割付調整因子 .......................................................... 145

● 編者プロフィール

山田 浩 (やまだ ひろし)
1981年自治医科大学医学部卒。1994年同大学院医学研究科博士課程修了 (医学博士)。スウェーデン王国カロリンスカ研究所臨床薬理学講座に客員研究員として2年間留学。1998年聖隷浜松病院総合診療内科部長兼治験事務局長。2001年浜松医科大学医学部附属病院臨床研究管理センター助教授。2005年4月より静岡県立大学薬学部医薬品情報解析学分野教授(健康支援センター長, 自治医科大学・浜松医科大学非常勤講師兼務)。静岡県立大学では社会人・大学院生・学生を対象に, CRC/CRA養成講座「創薬育薬基礎・応用特論」を開講中。

大野 ゆう子 (おおの ゆうこ)
1981年東京大学大学院医学系研究科保健学専攻修士課程修了。1985年同第一基礎医学専攻博士課程修了。専門は数理保健学, 患者行動計測と分析, 看工融合研究の推進等。日本学術振興会特別研究員(東京大学, 文部省統計数理研究所), 国立がんセンター研究所疫学部研究員, 東京都神経科学総合研究所主任研究員等を歴任。1995年4月大阪大学教授。2015年8月大阪大学副理事, 2018年4月大阪大学医学系研究科保健学専攻長に就任。

村上 好恵 (むらかみ よしえ)
1990年弘前大学教育学部特別教科(看護)教員養成課程卒業。1999年兵庫県立看護大学大学院看護学研究科修士(看護学), 2008年聖路加看護大学大学院博士(看護学)取得。大学卒業後, 虎の門病院看護師, 愛媛大学医学部看護学科助手, 国立がんセンター研究所支所精神腫瘍学研究部リサーチアシスタント, 聖路加看護大学講師, 首都大学東京健康福祉学部看護学科准教授を歴任。2012年4月より東邦大学看護学部教授。

## 薬学・看護学・保健学に役立つ
## 生物統計・疫学・臨床研究デザイン テキストブック

2018年11月 1日初版1刷発行
2019年 9月20日初版2刷発行

| | | |
|---|---|---|
| 定　　価 | 本体 3,800 円（税別） | |
| 編　　者 | 山田 浩，大野 ゆう子，村上 好恵 | |
| 発 行 人 | 吉田 明信 | |
| 発 行 所 | 株式会社メディカル・パブリケーションズ | |
| | 〒176-0023 東京都練馬区中村北1-22-22-102 | |
| | TEL 03-3293-7266（代）　FAX 03-3293-7263 | |
| | URL http://www.medipus.co.jp/ | |
| 印刷・製本 | アイユー印刷株式会社 | |
| 表紙デザイン・本文制作 | デザインオフィス　ホワイトポイント　徳升澄夫 | |

本書の内容の一部，あるいは全部を無断で複写複製をすることは（複写機などいかなる方法によっても），法律で定められた場合を除き，著者・編者および株式会社メディカル・パブリケーションズの権利の侵害となりますのでご注意ください。

落丁・乱丁はお取り替えいたします。　　　　　　　　　　　　　ISBN978-4-902007-94-7